城市安全风险评估
理论与实践

主编　代宝乾　徐亚博　周扬凡　汪　彤

应急管理出版社

·北　京·

图书在版编目（CIP）数据

城市安全风险评估理论与实践/代宝乾等主编. --北京：应急管理出版社，2021

ISBN 978-7-5020-8928-3

Ⅰ.①城… Ⅱ.①代… Ⅲ.①城市管理—安全管理—风险管理—研究—中国 Ⅳ.①X92 ②D63

中国版本图书馆 CIP 数据核字（2021）第 199683 号

城市安全风险评估理论与实践

主　　编　代宝乾　徐亚博　周扬凡　汪　彤
责任编辑　唐小磊
编　　辑　郑素梅
责任校对　李新荣
封面设计　罗针盘

出版发行　应急管理出版社（北京市朝阳区芍药居 35 号　100029）
电　　话　010-84657898（总编室）　010-84657880（读者服务部）
网　　址　www.cciph.com.cn
印　　刷　北京建宏印刷有限公司
经　　销　全国新华书店

开　　本　710mm×1000mm 1/16　**印张**　13　**字数**　164 千字
版　　次　2021 年 12 月第 1 版　2021 年 12 月第 1 次印刷
社内编号　20193491　**定价**　58.00 元

编　委　会

主　　编　代宝乾　徐亚博　周扬凡　汪　彤

编写人员　邓兵兵　谢昱姝　王培怡　葛　悦　王　瑜
张　晋　张　蓓　宋冰雪　左　琦　李　妍
尹鑫伟　张红杰　曾伟平

前　言

随着我国城市化进程的加快，城市运行系统日益复杂，高新产业聚集、高层建筑和重要设施密集、地下空间资源开发高速发展、轨道交通超负荷运行，加上极端气候可能引发的自然灾害，新产业、新技能、新业态带来的不确定性风险，导致城市运行风险集聚和交织重叠，新形势下城市安全不断面临新的挑战。

城市安全风险评估是从源头防范风险演变为事故、提升城市安全治理水平、推进城市安全发展的一项重要举措，是实现安全生产工作关口前移的重要体现。国内很多城市陆续开展了城市安全风险评估工作，在取得巨大成就的同时，也暴露出一些问题。城市安全风险评估在我国尚处于探索阶段，不同城市在实践推动中仍存在一些困惑。

城市安全风险评估到底有哪些内容？如何评估？怎样才能提高风险评估的有效性和效率？这些问题严重困扰着企业的负责人和风险管理人员，极大影响着风险评估的组织工作。为此，我们在总结和提炼多年城市安全风险评估工作实践经验的基础上，编写了《城市安全风险评估理论与实践》一书，阐释安全风险评估的基本理论和关键技术方法等内容，并结合工作实践阐述了风险评估工作的现实路径。

本书由代宝乾、徐亚博、周扬凡、汪彤任主编，代宝乾、汪彤提出了书稿的总体设计与核心思想。各章具体编写分工如下：第1章由徐亚博、张红杰编写；第2章由代宝乾、汪彤编写；第3章由周扬凡、曾伟平编写；第4章由王培怡、徐亚博编写；第5章由葛悦、张晋编写；第6章由谢昱姝、宋冰雪编写；第7章由邓兵兵、左琦、张蓓编写；第8章由王瑜、尹鑫伟、李妍编写。

本书阐释了安全风险评估的理论依据与现实路径，具有理论与实践相联系、方法论与工程应用相结合的特点，能够作为各级政府安全生产监管人员、各行业企业推动和落实安全风险评估工作的培训教材和参考书目。本书难免存在不足之处，敬请读者能够提出宝贵的意见和建议。

编委会

2021年8月

目　次

1　城市安全风险评估概论 ……………………………… 1

1.1　城市发展及其安全 …………………………………… 1

1.2　安全风险管理演变历程 ……………………………… 6

1.3　国内城市安全风险评估现状…………………………… 13

1.4　城市安全风险评估意义………………………………… 20

2　安全风险理论基础………………………………………… 23

2.1　风险的概念……………………………………………… 23

2.2　风险相关术语…………………………………………… 29

2.3　安全风险内涵…………………………………………… 32

3　安全风险管理技术方法…………………………………… 40

3.1　计划和准备……………………………………………… 40

3.2　风险辨识………………………………………………… 44

3.3　风险分析………………………………………………… 50

3.4　风险评价………………………………………………… 54

3.5　风险管控………………………………………………… 60

3.6　风险监测、风险更新与风险沟通………………………… 70

4 企业点位安全风险评估…………………………………………… 73

4.1 风险源辨识…………………………………………………… 73
4.2 风险评估……………………………………………………… 86
4.3 风险管控……………………………………………………… 92

5 企业整体安全风险评估 …………………………………………… 101

5.1 指标构建原则 ……………………………………………… 101
5.2 指标体系构建 ……………………………………………… 102
5.3 评估模型 …………………………………………………… 106
5.4 典型企业风险分析 ………………………………………… 107

6 区域综合安全风险评估 …………………………………………… 122

6.1 指标构建原则 ……………………………………………… 122
6.2 指标体系构建 ……………………………………………… 124
6.3 评估模型 …………………………………………………… 128
6.4 实证研究 …………………………………………………… 136

7 安全风险评估信息化实践 ………………………………………… 141

7.1 架构设计 …………………………………………………… 141
7.2 风险地图 …………………………………………………… 143
7.3 功能设计 …………………………………………………… 147

8 风险评估工作实践经验 …………………………………………… 157

8.1 压实各方工作责任 ………………………………………… 157
8.2 着力抓好统筹推进 ………………………………………… 157
8.3 坚持标准引领建设 ………………………………………… 160

8.4　强化信息手段支撑 …………………………………… 160
8.5　精心开展业务培训 …………………………………… 162
8.6　明确评估工作流程 …………………………………… 163
8.7　加强检查、核查工作 ………………………………… 165
8.8　推动风险防范化解 …………………………………… 165

附录　机械行业安全风险辨识建议清单……………………… 166
参考文献……………………………………………………… 194

1 城市安全风险评估概论

城市化已是全球发展的一种共同趋势，随着我国城市化进程的加快，城市系统日益复杂，风险集聚和交织重叠给城市运行带来了巨大压力。城市安全风险评估着眼于风险源头防控，严防风险演变升级导致事故的发生，助力提升城市安全风险管理水平。

1.1 城市发展及其安全

1.1.1 城市发展

城市是“城”与“市”的组合词。“城”是指用城墙等围起来的地域，主要是为了防卫，“市”是指交易的场所，这两者都是城市最原始的形态。《辞源》中，城市被解释为人口密集、工商业发达的地方。《城市规划基本术语标准》(GB/T 50280—1998）中，城市是以非农业产业和非农业人口集聚为主要特征的居民点。简而言之，城市就是人口集中、工商业发达、居民以非农业人口为主的地区，是周围地区的政治、经济、文化交流中心。

城市是一个复杂开放的巨系统，城市发展呈现系统性、多样性、开放性、协调性、复杂性和动态性等特征。城市化水平是一个国家或地区经济发展的重要标志，也是衡量一个国家或地区社会组织程度和管理水平的重要标志。经过几十年的发展，我国的城市化建设出现了显著变化，城镇化率由 1949 年的 10.64% 提高到 2019 年的 60.60%，达到世界城市化的平均水平，如图 1－1 所示。

1.1.2 城市安全

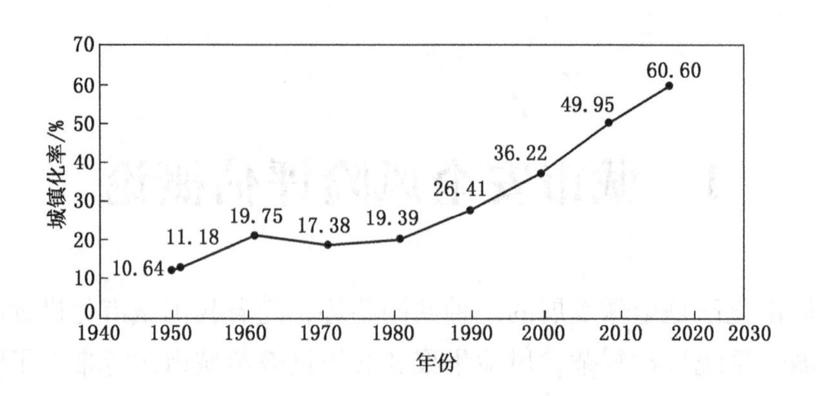

图 1-1　1949—2019 年我国城市化水平发展趋势图

随着我国城市化进程的加快、城市规模的快速膨胀，人们生活和生产必不可少的供水、供电、供热、供气、交通等城市生命线系统越来越复杂；大量物质财富和人口高度集中；建（构）筑物数量也急剧增加，呈立体化态势发展，出现了大量密集的高层建筑和地下商场、隧道等建（构）筑物。加上极端气候可能引发的自然灾害，以及新产业、新技能、新业态带来的不确定性风险，导致城市安全风险交织重叠，并且灾害链变长，复杂性、易损性增多，给城市运行带来了巨大压力。

近年来，国内重特大事故不断出现，表 1-1 中给出了部分典型生产安全事故案例。青岛输油管道爆炸、天津港爆炸以及深圳渣土受纳场滑坡等重特大事故不仅造成了重大人员伤亡和财产损失，还在国内外产生了严重的社会负面影响，给我国城市安全管理敲响了警钟。

上述事故案例表明，我国城市安全风险呈现点多面广、行业分布复杂、事故类型多样等特点，重特大事故主要发生在城市基础设施、交通运输和工业、危险化学品等领域。随着新技术的应用以及人员的

表1-1　国内典型生产安全事故案例（举例）

时间	事故名称	事故直接原因	事故类型	事故后果
2015年8月12日	天津港"8·12"瑞海公司危险品仓库特别重大火灾爆炸事故	运抵区南侧集装箱内的硝化棉积热自燃，引起相邻集装箱内的硝化棉和其他危险化学品长时间大面积燃烧，导致堆放于运抵区的硝酸铵等危险化学品发生爆炸	火灾、其他爆炸	165人遇难、8人失踪、798人受伤，直接经济损失68.66亿元
2013年6月3日	吉林省长春市宝源丰禽业有限公司"6·3"特别重大火灾爆炸事故	电气线路短路，引燃周围可燃物。氨设备和氨管道高温下发生物理爆炸，大量氨气泄漏介入燃烧	火灾	121人死亡、76人受伤，直接经济损失1.82亿元
2014年8月2日	江苏省苏州市昆山中荣金属制品有限公司"8·2"特别重大爆炸事故	事故车间除尘系统长时间未清理，铝粉尘集聚，形成粉尘云。铝粉受潮发生氧化放热反应，引发系列爆炸	其他爆炸	97人死亡、163人受伤，直接经济损失3.51亿元
2019年3月21日	江苏响水天嘉宜化工有限公司"3·21"特别重大爆炸事故	旧固废库内长期违法贮存的硝化废料持续积热升温导致自燃，燃烧引发硝化废料爆炸	火灾、其他爆炸	78人死亡、76人重伤、640人受伤，直接经济损失19.86亿元
2015年12月20日	广东深圳光明新区渣土受纳场"12·20"特别重大滑坡事故	红坳受纳场没有建设有效的导排水系统，且严重超量超高堆填加载，导致渣土失稳滑出	坍塌	73人死亡、4人下落不明、17人受伤，直接经济损失8.81亿元
2016年11月24日	江西丰城发电厂"11·24"冷却塔施工平台坍塌特别重大事故	施工单位违规拆除模板，致使第50节及以上筒壁混凝土和模架体系连续倾塌坠落	坍塌	73人死亡、2人受伤，直接经济损失1.02亿元

表1-1（续）

时间	事故名称	事故直接原因	事故类型	事故后果
2013年11月22日	山东省青岛市“11·22”中石化东黄输油管道泄漏爆炸特别重大事故	输油管道原油泄漏，现场处置人员在暗渠盖板上打孔破碎，产生撞击火花，引发暗渠内油气爆炸	其他爆炸	62人死亡、136人受伤，直接经济损失7.52亿元
2014年7月19日	沪昆高速湖南邵阳段“7·19”特别重大道路交通危化品爆燃事故	超载轻型货车追尾大客车，致使轻型货车所运载乙醇泄漏燃烧	火灾	54人死亡、6人受伤，直接经济损失5300余万元
2011年7月22日	京珠高速河南信阳“7·22”特别重大卧铺客车燃烧事故	客车违规运输危险化学品偶氮二异庚腈，受热分解并发生爆燃	火灾	41人死亡、6人受伤，直接经济损失2342.06万元
2014年3月1日	晋济高速公路山西晋城段岩后隧道“3·1”特别重大道路交通危化品燃爆事故	车辆追尾，造成前车甲醇泄漏，后车发生电气短路，引燃周围可燃物，进而引燃泄漏的甲醇	火灾、其他爆炸	40人死亡、12人受伤，直接经济损失8197万元
2015年5月25日	河南平顶山“5·25”特别重大火灾事故	电器线路接触不良发热引燃周围易燃可燃材料。建筑物大量使用聚苯乙烯夹芯彩钢板，加剧火势迅速蔓延	火灾	39人死亡、6人受伤，直接经济损失2064.5万元
2019年9月28日	长深高速江苏无锡“9·28”特别重大道路交通事故	客车在高速行驶过程中左前轮轮胎发生爆破，导致车辆失控	车辆伤害	36人死亡、36人受伤，直接经济损失7100余万元
2017年8月10日	陕西安康京昆高速“8·10”特别重大道路交通事故	事故车辆驾驶人超速行驶、疲劳驾驶，致使车辆向道路右侧偏离，正面冲撞秦岭1号隧道洞口端墙	车辆伤害	36人死亡、13人受伤，直接经济损失3533余万元

表1－1（续）

时间	事故名称	事故直接原因	事故类型	事故后果
2011年10月7日	滨保高速天津“10·7”特别重大道路交通事故	大客车驾驶人超速行驶、措施不当、疲劳驾驶导致大客车与小轿车发生擦撞并侧翻	车辆伤害	35人死亡、19人受伤，直接经济损失3447.15万元
2010年8月16日	黑龙江省伊春市华利实业有限公司“8·16”特别重大烟花爆竹爆炸事故	工人操作不慎引发礼花弹球体爆炸，随后引起装药间和两个中转间的开包药、效果件和半成品爆炸	火药爆炸	34人死亡、3人失踪、152人受伤，直接经济损失6818.40万元
2013年5月20日	山东保利民爆济南科技有限公司“5·20”特别重大爆炸事故	废药回收复用过程中混入太安，太安在药机内受到强力摩擦、挤压、撞击，发生爆炸，引爆其他炸药	火药爆炸	33人死亡、19人受伤，直接经济损失6600余万元

高度密集，城市内居住社区及商业综合体等方面存在的风险也不容忽视。

城市基础设施安全风险日趋严峻。城市大雨内涝、管线泄漏爆炸、路面塌陷等事故依然不断出现。随着5G基站、特高压、城际高速铁路和城市轨道交通、新能源汽车充电桩、大数据中心、人工智能、工业互联网等新型基础设施建设的快速发展，可能会影响城市运行的秩序。

居住社区风险不容忽视。城市社区运行系统日益复杂，高层火灾、电梯伤人、电动车充电火灾，沿街的广告牌、外挂空调等突发坠落事故时有发生。另外，随着液化天然气等清洁能源的使用，气体泄漏引发的爆炸事故也在逐渐增多，社区面临的风险挑战不容忽视。

交通安全风险与日俱增。交通拥堵和设施短缺矛盾日益突出，轨道交通承载量严重超负荷，道路交通事故在数量上位列各类安全事故之首。与此同时，轨道交通、危险品运输、校车、渣土车、快递等安全风险也日益突出。

商业综合体等人员密集场所风险不可小觑。我国人口众多，公共场所客流量大，经常人满为患。城市综合体、商业楼宇等高度密集以及各种大型活动的举办，由于缺乏风险评估意识，预防准备不足，给人员拥挤踩踏留下了隐患。

工业风险叠加破坏。虽然近年来安全生产形势持续保持稳定向好的态势，但事故的体量依然很大。在遭遇传统的诸如火灾、爆炸、毒气泄漏等风险时，由于产业高度集聚，可能会出现多种风险共存，并产生叠加耦合效应。

技术创新带来新型风险。当今处于信息技术革命全面渗透和深度应用的新阶段，进而催生了大量新产业、新业态、新技术和新模式。新兴事物和经济发展趋势在给人们带来舒适、高效、便捷和财富的同时，也给人们带来了生命安全、环境危害、生态破坏、火灾和交通事故等一系列负面影响。

1.2　安全风险管理演变历程

1.2.1　发展历程

安全风险管理历经传统、现代和全面三个发展阶段，从早期风险管理的传统阶段发展到现今的综合风险管理体系，如图 1－2 所示。

1. 传统风险管理阶段（20 世纪 90 年代以前）

风险管理的思想最初起源于美国，但在安全领域的应用则来自 1929 年海因里希发表的《工业事故预防》一书，该书初步提出了风险和事故预防的概念。1932 年美国几家大公司成立纽约保险经纪协会，定期讨论有关风险管理的理论与实践，该协会的成立标志着风险管理学科的兴起。风险管理真正在工商业中引起足够重视而得到推广

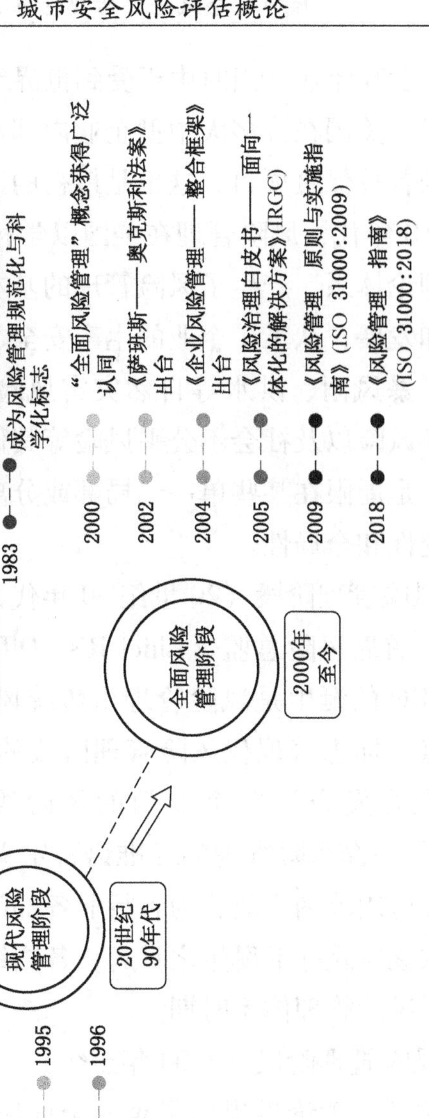

图1－2 安全风险管理发展历程

则始于20世纪50年代，当时由于受到世界经济危机的影响，为应对经营上的危机，美国在许多大中型企业内部设立了保险管理部门，负责管理企业的各种保险项目，这也是最初的风险管理雏形。

20世纪50年代，风险管理在美国以学科的形式发展，并逐步形成了独立的理论体系，产生了风险管理的基本构思。风险研究范围也在不断变化和发展，从工矿企业的生产安全、投资和保险等风险以及地震、海啸、暴风雨、洪水等自然灾害风险，扩大到环境和技术风险、公共健康风险以及社会不公平风险等其他领域。这一阶段的风险管理研究还只是局限在某些单一、局部或分离性的层面上，风险管理方法缺乏系统性和全局性。

2. 现代风险管理阶段（20世纪90年代）

1993年，首席风险总监（Chief Risk Officer，CRO）的头衔第一次被使用。CRO的诞生是风险管理由传统风险管理向现代风险管理过渡的转折点，标志着现代风险管理阶段的开始。1995年，澳大利亚、新西兰联合发布了首个专门的风险管理国家标准（AS/NZS 4360），给出了一套风险管理的标准语言定义和风险管理的标准程序定义。该标准适用范围广泛，为各行业各部门的风险管理提供了一个共同框架。从该风险标准诞生之日起，各国纷纷制定相应的风险管理标准，进入了风险管理体系时期。

3. 全面风险管理阶段（2000年至今）

1998年之后，理论界提出了企业全面风险管理理论和全面综合的风险管理。1999年，《巴塞尔新资本协议》形成了全球商业银行全面风险管理发展的一个推动力，蕴含了全面风险管理的理论。2001年“9·11”事件后，风险管理进入了一个新的阶段。各国纷纷投入大量的人力、物力和财力，开展风险管理的理论研究和实践应用。2004年，美国反虚假财务报告委员会下属的发起人委员会（The Committee of Sponsoring Organizations of the Treadway Commission，CO-

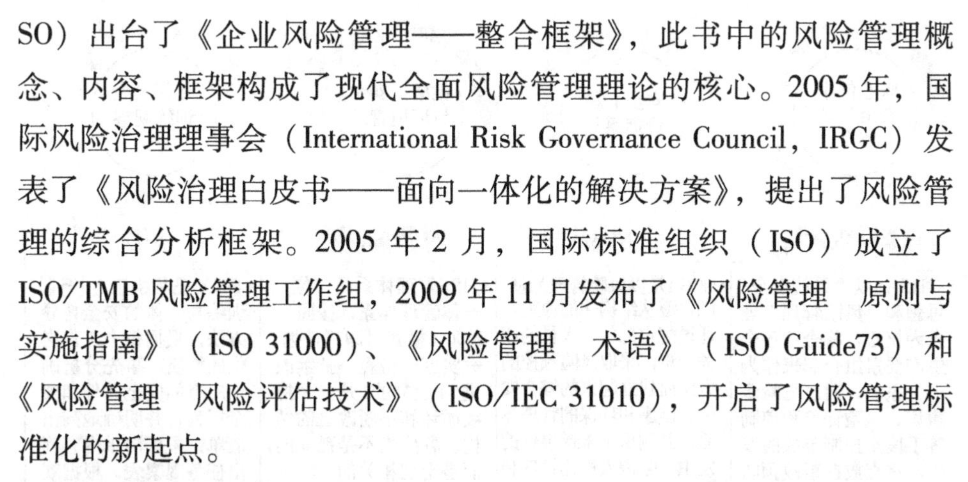

SO）出台了《企业风险管理——整合框架》，此书中的风险管理概念、内容、框架构成了现代全面风险管理理论的核心。2005 年，国际风险治理理事会（International Risk Governance Council，IRGC）发表了《风险治理白皮书——面向一体化的解决方案》，提出了风险管理的综合分析框架。2005 年 2 月，国际标准组织（ISO）成立了 ISO/TMB 风险管理工作组，2009 年 11 月发布了《风险管理　原则与实施指南》（ISO 31000）、《风险管理　术语》（ISO Guide73）和《风险管理　风险评估技术》（ISO/IEC 31010），开启了风险管理标准化的新起点。

1.2.2　风险管理体系

国际上比较成熟的风险管理体系有很多，这里就其中的职业健康安全管理体系（OHSAS），安全五星管理系统（NOSA），健康、安全与环境（HSE）管理体系和杜邦安全训练观察计划（STOP）体系进行简单介绍，如图 1－3 所示。

1. 职业健康安全管理体系（OHSAS）

职业健康安全管理体系（Occupational Health and Safety Assessment Series，OHSAS），是国际上普遍认可的职业健康安全标准体系，具有高度自我约束、自我完善机制，目的是通过系统的控制，消除和减少因组织的职业活动而使员工和其他相关方可能面临的职业健康安全风险。

OHSAS 以“系统安全”思想和“风险管理”理念为核心，将企业的各个生产要素组合起来作为一个系统，通过危险源辨识、风险评价和控制等手段来达到控制事故发生的目的；重点放在事故预防上，通过在管理过程中持续不断地根据预先确定的程序和目标，定期审核和改善系统，使系统达到最佳状态。OHSAS 本身具有相当的“弹性”，允许企业根据自身特点和实际情况加以发挥和运用、结合企业自身实践活动进行管理创新，具有系统性、动态性、预防性、全员性和全过程控制性等特点。

图 1－3　国际上成熟的风险管理体系介绍

2. 安全五星管理系统（NOSA）

NOSA 是南非国家职业安全协会（National Occupational Safety Association）的简称，南非 NOSA 安全五星管理系统是由其于 1951 年创建的一种科学、规范的职业安全卫生管理体系，主要侧重于保障人身安全，目标是实现安全、健康、环保的综合风险管理。

NOSA 的核心理念是：所有意外事故均可避免，所有危险均可控制；每项工作都要考虑安全、健康和环保问题；通过评估查找隐患，制定防范措施及预案，落实整改直至消除，实现闭环管理和持续改善，把风险切实、有效、可行地降低至可接受的程度。

NOSA 分 5 部分（建筑物及厂房管理；机械、电器及个人防护；火灾及其他紧急事故的管理；事故记录与调查；组织管理）、72 项元素和 1200 多条实施细则。所有元素注重的是对员工的关爱和对环保的关心，强调员工的安全、健康和环保意识，调动全体员工主动参与

的积极性，从而推动安全生产工作的落实。

3. 健康、安全与环境（HSE）管理体系

健康、安全与环境（Health，Safety and Environment，HSE）管理体系是石油勘探开发多年工作经验积累的结果，它将环境、健康与安全纳入一个系统当中进行管理，拓宽了安全管理的空间。

HSE 管理体系是一种事前进行风险分析，确定其自身活动可能造成的危害和后果，从而采取有效的防范手段和控制措施，防止事故发生，以减少可能引起的人员伤害、财产损失和环境污染的有效管理模式。它突出强调了事前预防和持续改进，具有高度自我约束、自我完善、自我激励机制。

HSE 管理体系是三位一体管理体系，有 7 个一级要素（领导和承诺；方针和战略目标；组织机构、资源和文件；评价和风险管理；规划；实施和监测；审核和评审）、26 个二级要素。体系按照"计划—实施—检查—改进"的"戴明循环模式（PDCA）"建立，是一个持续循环和不断改进的结构。结构中各要素不是孤立的，而是密切相关的，其中，领导和承诺是核心，方针和战略目标是方向，组织机构、资源和文件作为支持。

4. 杜邦安全训练观察计划（STOP）

杜邦安全训练观察计划（Safety Training Observation Program，STOP），是一种以行为为基准的观察计划。根据每个工作岗位的性质，事先分析确认应有的安全条件和安全行为，并明确地列出清单；根据清单内容列出任务观察表。对于观察到的不安全表现做好记录，编制观察报告，并根据观察结果及分析采取适当的安全防范措施，实现安全绩效的持续改进。

STOP 是集检查、培训、训练于一体的安全督导方法，能够及时发现现场的危险源，采取及时有效的风险控制措施和培养员工良好的安全行为习惯，实现风险的动态控制。

1.2.3 国际风险标准

国际风险管理标准大致分为4个层次，即基本纲领性文件、术语类、指南类和工具类。目前许多国家和国际组织已经颁布了与风险有关的标准和指南。本书列出了部分风险标准和指南，见表1-2。

表1-2 国际安全风险分析标准和指南示例

组织	标准号	中文标准名
ISO	ISO 31000	风险管理 指南
	ISO Guide 73	风险管理 术语
	ISO/TR 31004	风险管理 ISO 31000 标准执行导则
	ISO/IEC Guide 51	安全方面 标准中安全问题导则
	ISO/TR 14121-2	机械安全 风险评估 第2部分：实施指南和评估方法实例
	ISO 12100	机械安全性 设计一般原则：风险评估和风险降低
	ISO 16732-1	防火安全工程 火灾危险评估 第1部分：综述
	ISO/TR 16732-2	消防安全工程 火灾危险评估 第2部分：办公大楼案例
	ISO/TR 16732-3	消防安全工程 火灾危险评估 第3部分：工业财产案例
	ISO 14971	医疗装置 医疗装置风险管理的应用
	ISO 22367	医学实验室 风险管理在医学实验室中的应用
	ISO 35001	实验室和其他相关组织的生物风险管理
	ISO 22442-1	医疗设备用动物组织及其衍生物 第1部分：风险管理的应用
	ISO 17776	石油和天然气工业 海上生产装置 新装置设计期间的主要事故危害管理
	ISO 20074	石油和天然气工业 管道运输系统 陆上管道的地质灾害风险管理
	ISO 17666	航空航天系统 风险管理
	ISO/IEC 16085	系统和软件工程 生命周期过程风险管理
	ISO/IEC 27005	信息技术 安全技术 信息安全风险管理
	ISO 31022	风险管理 法律风险管理指南

表 1-2（续）

组织	标准号	中文标准名
IEC	IEC 62198	项目风险管理　应用指南
	IEC 62305-2	雷电防护　第 2 部分：风险管理
	IEC 31010	风险管理　风险评估技术
	IEC 60050-903	国际电工术语　第 903 部分：风险评估
IEEE	IEEE 16085	系统和软件工程　生命周期过程风险管理

1.3 国内城市安全风险评估现状

1.3.1 重要文件要求

我国对风险管理的研究始于 20 世纪 80 年代。1997 年后至今，是我国风险研究及应用的蓬勃发展期，其间，有关风险的著作大量涌现，研究和应用的领域也已经深入到社会经济生活的各个方面。但近年来重特大事故的频繁发生，暴露出在现有城市运行管理中仍有认不清、想不到、管不到等问题。

为加强源头治理，以习近平同志为核心的党中央高度重视防范化解风险工作，习近平总书记就防范化解风险发表了一系列重要讲话、作出了一系列重要指示。这些重要指示、讲话和论述（图 1-4）为我们做好风险防控工作指明了前进方向、提供了根本遵循。

2016 年，习近平总书记在中央政治局常委会会议上强调，要加强城市运行管理，增强安全风险意识，加强源头治理。要加强城乡安全风险辨识，全面开展城市风险点、危险源的普查，防止认不清、想不到、管不到等问题的发生。

2016 年出台的《中共中央　国务院关于推进安全生产领域改革发展的意见》，要求加强安全风险管控。地方各级政府要建立完善安全风险评估与论证机制，科学合理确定企业选址和基础设施建设、居民生活区空间布局。强化企业预防措施。企业要定期开展风险评估和

2019年11月31日

中央政治局第十九次集体学习

- 健全风险防范化解机制，坚持从源头上防范化解重大安全风险，真正把问题解决在萌芽之时、成灾之前
- 要加强风险评估和监测预警，加强对危化品、矿山、道路交通、消防等重点行业领域的安全风险排查，提升多灾种和灾害链综合监测、风险早期识别和预报预警能力

2019年1月21日

习近平在省部级主要领导干部坚持底线思维着力防范化解重大风险专题研讨班开班式上发表重要讲话

- 要强化风险意识，常观大势、常思大局，科学预见形势发展走势和隐藏其中的风险挑战，做到未雨绸缪
- 要提高风险化解能力，透过复杂现象把握本质，抓住要害、找准原因，果断决策
- 要完善风险防控机制，建立健全风险研判机制、决策风险评估机制、风险防控协同机制、风险防控责任机制，主动加强协调配合

2017年2月6日

国务院安委会办公室关于实施遏制重特大事故工作指南全面加强安全生产源头管控和安全准入工作的指导意见

加强规划设计安全评估。各地区要把安全风险管控、职业病防治纳入经济和社会发展规划、区域开发规划，把安全风险管控纳入城总体规划，实行重大安全风险"一票否决"

2016年12月9日

中共中央国务院关于推进安全生产领域改革发展的意见

- 加强安全风险管控。地方各级政府要建立完善安全风险评估与论证机制，科学合理确定企业选址和基础设施建设、居民生活区空间布局
- 强化企业预防措施。企业要定期开展风险评估和危害辨识。针对高危工艺、设备、物品、场所和岗位，建立分级管控制度，制定落实安全操作规程

2016年10月9日

国务院安委会办公室关于实施遏制重特大事故工作指南构建双重预防机制的意见

- 全面开展安全风险辨识。各地区要指导推动各类企业按照有关制度和规范，针对本企业类型和特点，制定科学的安全风险辨识程序和方法，全面开展安全风险辨识
- 加强安全风险源头管控。各地区要把安全生产纳入地方经济社会和城镇发展总体规划，在城乡规划建设管理中充分考虑安全因素

2016年7月20日

习近平对加强安全生产和汛期安全防范工作作出指示

要加强城市运行管理，增强安全风险意识，加强源头治理。要加强城乡安全风险辨识，全面开展城市风险点、危险源的普查，防止认不清、想不到、管不到等问题的发生

2016年1月29日

中共中央政治局第三十次集体学习

各级党委和政府要增强责任感和自觉性，提高风险监测防控能力，做到守土有责、主动负责、敢于担当，积极主动防范风险、发现风险、消除风险

2016年1月6日

习近平在中共中央政治局常委会会议上发表重要讲话

必须坚决遏制重特大事故频发势头，对易发重特大事故的行业领域采取风险分级管控、隐患排查治理双重预防性工作机制，推动安全生产关口前移

2015年12月20日至21日

中央城市工作会议在北京举行

要健全依法决策的体制机制，把公众参与、专家论证、风险评估等确定为城市重大决策的法定程序

2015年10月29日

习近平在党的十八届五中全会第二次全体会议上的讲话

要加强对各种风险源的调查研判，提高动态监测、实时预警能力，推进风险防控工作科学化、精细化，对各种可能的风险及其原因都要心中有数、对症下药、综合施策，出手及时有力，力争把风险化解在源头

2013年11月24日

习近平对青岛"11·22"爆燃事故的重要讲话

各地区各部门、各类企业都要坚持安全生产高标准、严要求，招商引资、上项目要严把安全生产关，加大安全生产指标考核权重，实行安全生产和重大安全生产事故风险"一票否决"

图1-4　习近平总书记关于安全风险工作的重要论述和党中央关于安全风险工作的重要规范性文件、会议概述归纳

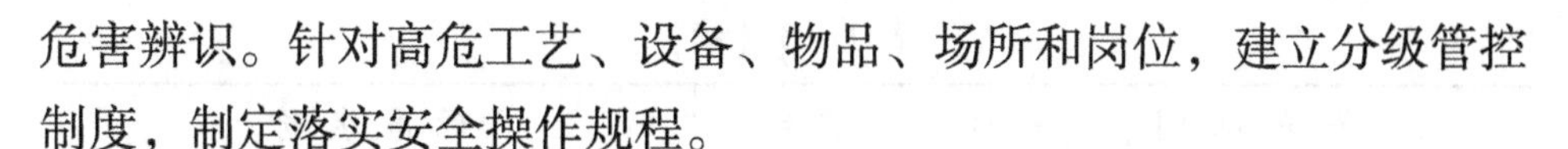

危害辨识。针对高危工艺、设备、物品、场所和岗位，建立分级管控制度，制定落实安全操作规程。

2018 年，中共中央办公厅、国务院办公厅印发的《关于推进城市安全发展的意见》，要求对城市安全风险进行全面辨识评估，建立城市安全风险信息管理平台，绘制“红、橙、黄、蓝”四色等级安全风险空间分布图。

1.3.2 国内风险标准

我国出台了大量关于风险管理的标准。对我国近年来在安全生产风险管理方面出台或发布的国家标准、行业标准及地方标准进行整理，表 1－3 列出了其中一部分。

表 1－3 我国安全风险管理标准示例

发布部门	标准号	标准名称
国家质量监督检验检疫总局，国家标准化管理委员会	GB/T 23694	风险管理 术语
国家质量监督检验检疫总局，国家标准化管理委员会	GB/T 24353	风险管理 原则与实施指南
国家质量监督检验检疫总局，国家标准化管理委员会	GB/T 27921	风险管理 风险评估技术
国家市场监督管理总局，国家标准化管理委员会	GB/T 45001	职业健康安全管理体系 要求及使用指南
国家质量监督检验检疫总局，国家标准化管理委员会	GB/T 34708	化学品风险评估通则
国家安全生产监督管理总局	AQ/T 3046	化工企业定量风险评价导则
国家安全生产监督管理总局	AQ/T 1093	煤矿安全风险预控管理体系规范
国家质量监督检验检疫总局	SN/T 3060	危险品风险管理通则
国家能源局	SY/T 6830	输油站场管道和储罐泄漏的风险管理

表 1-3（续）

发布部门	标准号	标准名称
国家能源局	SY/T 6891.1	油气管道风险评价方法　第1部分：半定量评价法
国家能源局	SY/T 6859	油气输送管道风险评价导则
国家能源局	DL/T 2012	基于风险预控的火力发电安全生产管理体系要求
工业和信息化部	SJ/T 11444	电子信息行业危险源辨识、风险评价和风险控制要求
国家烟草专卖局	YC/Z 582	烟草企业安全风险分级管控和事故隐患排查治理指南
北京市质量技术监督局	DB11/T 1478	生产经营单位安全生产风险评估规范
北京市质量技术监督局	DB11/T 1520	电梯安全风险评估规范
北京市质量技术监督局	DB11/1316	城市轨道交通工程建设安全风险技术管理规范
北京市质量技术监督局	DB11/1067	城市轨道交通土建工程设计安全风险评估规范
天津市市场和质量监督管理委员会	DB12/T 759	特种设备安全风险辨识、评估和分级
山西省市场监督管理局	DB14/T 2126	化工园区风险评估规范
辽宁省质量技术监督局	DB21/T 2986.1	公共场所风险等级与安全防护　第1部分：城市轨道交通车站
辽宁省质量技术监督局	DB21/T 2986.2	公共场所风险等级与安全防护　第2部分：城镇供水行业
辽宁省质量技术监督局	DB21/T 2986.3	公共场所风险等级与安全防护　第3部分：城镇燃气系统
辽宁省质量技术监督局	DB21/T 2986.4	公共场所风险等级与安全防护　第4部分：高等学校宿舍

表1－3（续）

发布部门	标准号	标准名称
辽宁省质量技术监督局	DB21/T 2986.5	公共场所风险等级与安全防护　第5部分：通信设施
辽宁省质量技术监督局	DB21/T 2986.6	公共场所风险等级与安全防护　第6部分：图书场馆
辽宁省市场监督管理局	DB21/T 3275	企业安全风险分级管控和隐患排查治理通则
山东省质量技术监督局	DB37/T 2882	安全生产风险分级管控体系通则
山东省质量技术监督局	DB37/T 2971	化工企业安全生产风险分级管控体系细则
山东省质量技术监督局	DB37/T 2974	工贸企业安全生产风险分级管控体系细则

1.3.3 城市工作实践

近年来，风险评估作为一种有效的管理手段在大型活动、重大工程、重大决策、重大事项以及城市安全等领域得到了广泛运用。为应对日益加大的城市安全挑战，北京、深圳、广州、宁波、昆山等城市陆续开展了安全风险评估工作。

2007年，北京市率先启动奥运风险评估工作。针对奥运期间重点区域及涉及城市运行的燃气、供热、地下管线、危险化学品和环境污染等突发事件，开展全面的风险评估，为建立适合国情的风险评估方法和模型进行了有益探索，这对提升城市运行安全管理水平和应急管理能力具有重要意义。

2012年，深圳市启动城市公共安全风险评估工作。评估范围包括自然灾害、事故灾难、公共卫生、社会安全4个领域，邀请专家团队辨识分析城市内可能造成较大影响的风险，对辨识出的风险按照风险矩阵图评定出风险等级，并采取相应措施。根据近年来城市公共安全风险变化趋势，深圳市于2016年再次启动风险评估工作，以期掌握存量风险源的变化情况，并辨识出城市中出现的新风险源。

2015年，广州市对全市11个区、34个重点行业领域开展了一次拉网式的安全风险辨识、排查、评估、分级，并从制度建设、产业布局优化、重点行业领域风险降低、综合防控等5个方面提出了具体的规划建议和措施，掌握了全市的高危风险点，做到了电子数字化地图管理。

2015年，宁波市对危险化学品、油气管道、建设工程、道路交通等12大类、36小类的主要风险源，采用风险矩阵评估法，从事故发生的可能性和后果的严重性两方面综合评判，系统梳理出各地各行业（领域）的安全生产重大问题与薄弱环节，提出4个方面42条对策措施，创新性地提出并系统开展了城市安全生产主要风险综合分析评估。

2017年，北京市组织生产经营单位开展安全风险评估，通过试点引领、重点突破、全面辨识、分级管控的方式，实现部分重点行业领域风险评估全覆盖。2017—2018年，在危险化学品单位，人员密集场所单位，建筑施工项目，生活垃圾处理设施，规模以上工业企业，“两客一危”企业，矿山、非煤矿山及尾矿库7个行业领域以及涉及城市运行的水、电、气、热和公共交通等13家国有企业、11家市属公园开展安全风险评估试点工作。2019—2021年，在试点工作基础上，在建筑施工、市政、交通、商务、文化、旅游、危化、工业、体育、园林绿化等重点行业领域开展全覆盖的安全风险评估工作，全面系统地评估、管控各类安全风险，有力保障了城市运行安全稳定。

2017年，昆山市采用“北京模式”，分动员部署、风险辨识评估、成果验收三个阶段，以企业为主、咨询机构辅导、相关部门审核把关的方式，对制造业，电力、燃气及水的生产和供应业，建筑业等

15 个行业实施安全风险评估管控工作，最终形成“两份报告”“四个清单”“一个软件”：《昆山市重点行业城市安全风险评估管控报告》《昆山市城市安全风险评估管控报告》;《昆山市城市安全风险清单》（重大安全风险清单、重大隐患清单、重大危险源清单、脆弱性目标清单）；风险和隐患数据统计分析软件。

随着城市安全风险评估工作的开展，在取得一系列成就的同时，也暴露出一些问题和不足。这些问题和不足对不同城市间的风险评估实践交流和评估结果的应用具有一定影响。

1. 风险相关概念还未形成统一认识

目前城市安全风险评估涉及的相关概念，如风险、风险源、风险点、危险源、危险有害因素等还未形成统一认识，有的使用危险源，有的使用风险源或者危险有害因素，术语不统一，易造成理解上的不一致。风险评估与隐患排查均是遏制重特大事故的重要举措，是“双重预防机制”的重要环节，部分城市在工作推动中将两者混作一团，风险与隐患分不清。

2. 定性或半定量评估方法的局限性影响了评估结果的科学性

《风险管理　风险评估技术》（GB/T 27921）中列出了 31 种风险评估技术，有定量的、半定量的、定性的及其组合。目前各城市在风险评估工作推动中采取的评估方法和工作流程不尽相同，评估单元划分也不一致，评估模式和工作指南也不尽统一。评估所采用的方法多以宏观定性或者半定量方法为主，这种方法虽然简单且易于操作，但评估中更多的是依靠评估人员的主观判断，会因评估人员专业背景、工作经验的不同以及对自己研究领域内容特别的关注，导致风险判断和评估结果的偏移，影响评估结果的精准度。另外，如何评估某个企业或区域的综合风险，而非单个设备设施的单一风险源，目前还没有相对成熟的方法。

3. 风险评估中仍留有空白且缺乏有效手段跟踪风险动态更新

变化

一是部分风险源没有纳入城市安全风险评估范围。最大的风险就是不知道风险。深圳光明新区“12·20”滑坡事故中的渣土受纳场成了风险评估的“漏网之鱼”，没有做到应评尽评，导致没有采取有效措施予以防控。二是忽视安全风险的动态变化。由于每年内外部环境等情形的变化，安全风险是动态的，并不是一个线性的过程，需要根据情形不断改变，不可以一评了之。目前很多城市由于缺乏有效手段，无法促进风险动态更新，进而忽视了风险的动态监测与跟踪评估。

4. 风险评估信息化技术手段应用还不够深入

目前，利用信息化技术开展城市安全风险评估工作，各地整体上还处于起步阶段，已经建立的安全风险评估系统部分功能还不完善。另外，虽然评估产出了大量的风险数据，但未能利用大数据分析等技术对风险背后的问题和规律进行深层次的挖掘，对数据缺乏有效分析和利用。

1.4 城市安全风险评估意义

在城市领域全面引入安全风险评估，有利于树立“大预防”的理念和工作格局，实现事故预防的“关口前移”向“纵深防御”推进，防范和遏制重特大事故发生。

（1）风险预控式的安全管理模式更符合安全生产的本质规律，能全面、综合、系统地实现对安全生产的科学管控和高效管理。

这种基于风险的“预控型”工作方式，即“风险预控式的安全管理模式”，相比“基于事故教训的经验式安全管理模式”和“基于安全法规标准规范型的监管式安全管理模式”而言，更符合安全生产的本质规律。一是该模式的管控对象是全面的风险源，依据定性、半定量或定量的评估方法对风险进行科学分级，以便实现事故风险最小化。其管理的出发点和管控的目标一致且统一，管控的过程体现了安全的本质和规律。二是通过风险评估，把需要管控的风险源筛选出来，根据风险程度高低进行分级，视情况制定切实可行的风险防控措施，因此能够保证管理决策的科学化、合理化，从而减少监管措施的盲目性和冗余低效性。

（2）设置切实可行的防控措施，科学解决因“想不到”而引发的安全生产事故。

安全风险管理通过全面、系统地辨识，把人、机、料、法、环等各个方面可能存在的风险源都辨识出来，对事故发生的概率和可能的损失程度进行综合评估，然后对需要管控的风险源分级制定措施。不仅要设置适宜的防控措施防止其能量释放，而且要采取管控措施防止能量释放后引发事故，如图 1－5 所示。总之，通过全面辨识与客观评估，为风险源设置切实可行的防控措施，防止其因未加防控而造成生产安全事故。

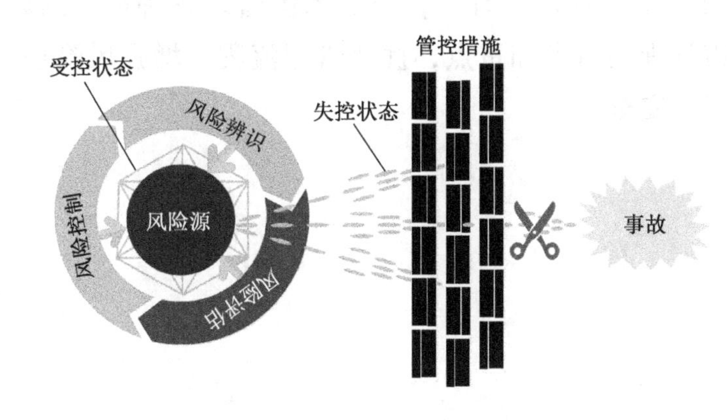

图 1－5　设置防控措施阻隔风险源引发事故

（3）促进企业由被动接受监管向主动开展风险管理转变，改变企业安全管理的被动局面。

安全风险管理以风险预控为核心，通过开展持续、全面、全过程、全员参与和闭环式的安全管理活动，做到在生产作业过程中人员无失误、设备无故障、系统无缺陷、管理无漏洞，使企业的安全管理由经验管理提升为风险管理，提前发现和消除引发事故的因素，从而杜绝事故。这一管理体系能够有效促进企业由被动接受安全监管向主动开展风险预控管理转变，由政府为主的行政执法检查向企业为主的日常风险评估和风险预控管理转变，由治标的物的不安全因素排查向治本的人的风险预控转变，是企业真正落实主体责任的具体表现，能彻底改变企业安全管理的被动局面，实现企业本质安全。

(4) 风险管理渗透在城市“规划、设计、建设、管理”等各个环节，发挥超前预防、标本兼治的重要作用。

在“规划和设计”环节，通过充分考虑风险因素，优化规划设计，可以避免或减少增量风险。在“建设”环节，将风险管理引入城市基础建设之中，可以消除或减少风险源，从根本上提升城市承受风险的能力。在“管理”环节，通过系统管理各种类型的风险，可以明确城市管理的需求和重点，优化管理流程，增强风险控制能力，保障城市运行安全。

2 安全风险理论基础

随着风险管理的引入，与风险相关的名词、术语，中西杂糅，相互交叉、重叠，严重影响了风险评估工作的健康开展。为做好风险评估工作，应对风险相关名词、术语有一个正确的认识。

2.1 风险的概念

2.1.1 认识风险

“风险”的概念早在17世纪就已出现，它原是商贸航行的一个术语，意思是指遇上危机或触礁。它来源于单词Risicare（意大利语），意思是胆敢、敢为，表达的是人类固有的冒险性。单词Risque（法语）来源于Risicare，意思是航行于危崖间。17世纪中期，单词risk才出现在英语中。《朗文当代英语辞典》对风险的释义是：坏事、不愉快事、危险之事发生的可能性（the possibility that something bad, unpleasant, dangerous may happen）。《牛津英语大辞典》对风险的释义：危险；暴露于损失、伤害或其他许多情况的可能性（danger; exposure to the possibility of loss, injury, or other adverse circumstance）。可见，在英语的语言中，“风险”是负面的而非中性的词汇，这与其来源于“航行于危崖间”等提法有关。

在我国，单字“风”和“险”出现得很早，但并未很早组成“风险”一词。“风险”一词首次出现在《明史》中——“漕舟失泊，屡遭风险”。现通行的《明史》为清朝乾隆四年修纂版本，于1739年定稿，距17世纪中期已近百年。“漕舟失泊，屡遭风险”的用法

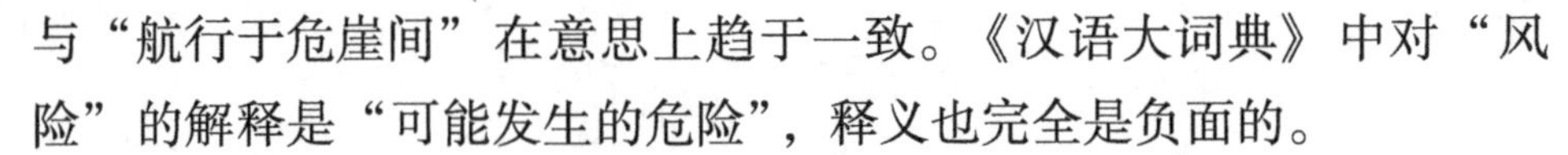

与“航行于危崖间”在意思上趋于一致。《汉语大词典》中对“风险”的解释是“可能发生的危险”，释义也完全是负面的。

如今经过两百多年的演化，风险一词越来越被概念化，成为人们生活中出现频率很高的词汇，被赋予了从哲学、经济学、社会学、统计学甚至文化艺术领域的更广泛更深层次的含义。历经风险管理的实践，人们已意识到原有的、完全负面意义的风险内涵所带来的巨大局限性、被动性。在当今企业全面风险管理时代，风险具有了危害和可利用的两重性,大大超越了“遇到危险”的含义,已经是一个中性词。

2.1.2 风险定义

人类对风险的理论定义一直在演变，从最开始以概率的形式来描述，到后来逐步采用发生概率和影响程度联合体的方式来定义。

1. 最早的风险概念

1985 年，美国学者海恩斯（Haynes）在 *Risk as an Economic Factor* 一书中提出了风险的概念：风险一词在经济学中和学术领域中并无任何技术上的内容，它意味着损失或损失的可能性。某种行为能否产生有害的后果应以其不确定性而定，如果某种行为具有不确定性时，其行为就反映了风险的负担。海恩斯的定义反映了风险的两个基本特性：损失（后果严重性）和可能性（不确定性）。上百年来众多学者、诸多标准试图给风险下定义，尽管不同的学科对风险的定义存在着明显的差异，但基本上都逃不出这两个特性的框架。

2. 美国风险概念

《美国国土安全部风险术语手册 2010》中对风险的定义：事件引发不利后果的可能性，风险的大小用事件发生的可能性和后果确定。与意外事件或事故相关的威胁，脆弱性和后果成函数关系的负面评估结果。

3. 澳大利亚/新西兰风险概念

澳大利亚/新西兰关于风险的国家标准（AS/NZS 4360）将风险

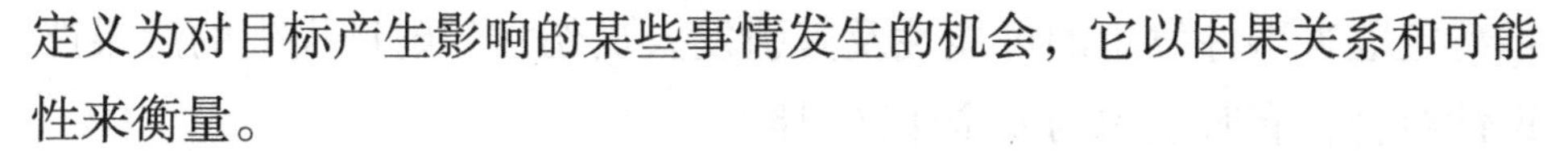

定义为对目标产生影响的某些事情发生的机会，它以因果关系和可能性来衡量。

4. ISO 风险概念

2005 年 2 月，ISO 成立了 ISO/TMB 风险管理工作组，于 2009 年 11 月发布了《风险管理　术语》(ISO Guide 73：2009)、《风险管理　原则与实施指南》(ISO 31000：2009)、《风险管理　风险评估技术》(ISO/IEC 31010)，给出了风险相关的术语、定义等内容。ISO 31000 于 2018 年进行了第一次修订，形成了《风险管理　指南》(ISO 31000：2018)。ISO 关于风险的标准中对风险的定义是一致的，均采用《风险管理　术语》(ISO Guide 73：2009) 中对风险的定义。

在《风险管理　术语》(ISO Guide 73：2009) 中，对涉及风险管理领域的 50 个术语进行了定义、阐述，其中，第一章"与风险有关的术语"就给出了"风险"的定义，即"不确定对目标的影响"。其中：①影响是指偏离预期，可以是正面的和/或负面的；②目标可以是不同方面（如财务、健康与安全、环境等）和层面（如战略、组织、项目、产品和过程等）的目标；③通常用潜在事件、后果或者两者的组合来区分风险；④通常用事件后果（包括情形的变化）和事件发生可能性的组合来表示风险；⑤不确定性是指事件及其后果或可能性的信息缺失或了解片面的状态。

2007 年 11 月，我国风险管理标准化技术委员会（SAC/TC 310）成立。为统一概念、加快与国际先进风险管理理念和技术的对接，风险管理标准化技术委员会于 2009 年发布了《风险管理　术语》(GB/T 23694—2009)。该标准给出了风险相关的术语定义，于 2013 年进行了修订。我国关于风险的系列标准中均引用了 ISO 标准中的术语定义，即"不确定性对目标的影响，通常用事件后果和事件发生的可能性组合来表示"。

在安全生产领域，安全风险特指生产经营活动中存在的风险，是

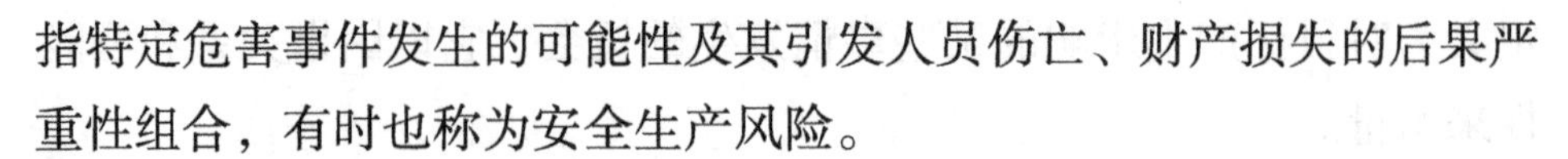

指特定危害事件发生的可能性及其引发人员伤亡、财产损失的后果严重性组合，有时也称为安全生产风险。

2.1.3 风险特点

风险无处不在，风险具有不确定性、主观性、客观性、普遍性、动态性等特点。

1. 不确定性

风险被定义为“不确定性对目标的影响”。不确定性是风险的基本属性，没有不确定性，就不会有风险。正是因为客观世界中存在着不确定性，进而导致了风险的存在。风险具有不确定性，这种不确定性包括风险是否发生的不确定性，风险发生时间的不确定性，风险产生结果的不确定性（即损失程度的不确定性）等。风险的定义没有明确风险与不确定性的关系，风险的唯一确定性就是其所具有的不确定性。

2. 主观性

事件发生的可能性与人的不安全行为、物的不安全状态、环境的不良状态以及管理的缺陷等因素相关。后果严重性与系统的能量、事故发生时所处的环境状态或位置、发生事故后应急的条件及能力等因素相关。无论是事件发生的可能性还是所发生事件后果的严重性，都是人们在其发生之前作出的主观预测或判断，具有主观性。不同的人对风险的看法可能各不相同，除了当事人对风险的态度是偏好、厌恶外，还与当事人立场、自身承受能力等诸多因素有关。寓言故事“小马过河”就很好地反映了风险的主观判断：老牛说河水很浅没关系，小松鼠却说水很深不能过。老牛与松鼠对能否过河从各自角度给出了截然不同的评判，这也就反映出风险具有主观性。

3. 客观性

风险是一种不以人的意志为转移、独立于人的意识之外的客观存在。人们只能在一定的时间和空间内改变风险存在和发生的条件，降

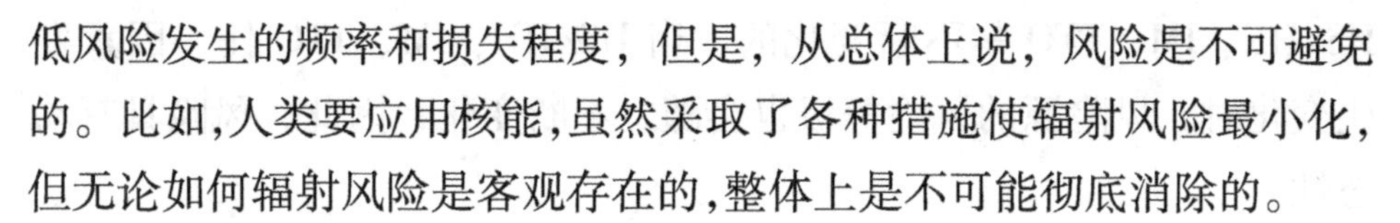

低风险发生的频率和损失程度，但是，从总体上说，风险是不可避免的。比如,人类要应用核能,虽然采取了各种措施使辐射风险最小化,但无论如何辐射风险是客观存在的,整体上是不可能彻底消除的。

4. 普遍性

人类历史就是与风险相伴的历史。自从人类出现后，就面临着自然灾害、疾病、死亡、战争等各种风险。随着科学技术的发展和社会的进步，新技术的使用（如核能、生化武器等）又产生了新的风险。在当今社会，个人面临着生、老、病、残、死、意外伤害等风险，企业面临着自然风险、市场风险、技术风险、政治风险等。风险无处不在，无时不有，具有普遍性。

5. 动态性

风险源是风险的源头，与风险密不可分。风险是对风险源所具有的危险程度的主观评价，其等级是由风险源能量（Hazard Source/Energy，HS/HE）、初始触发因素（Initiating Mechanism，IM）、外界目标（Target/Threat Outcome，TTO）三要素决定的，如图 2－1 所示。

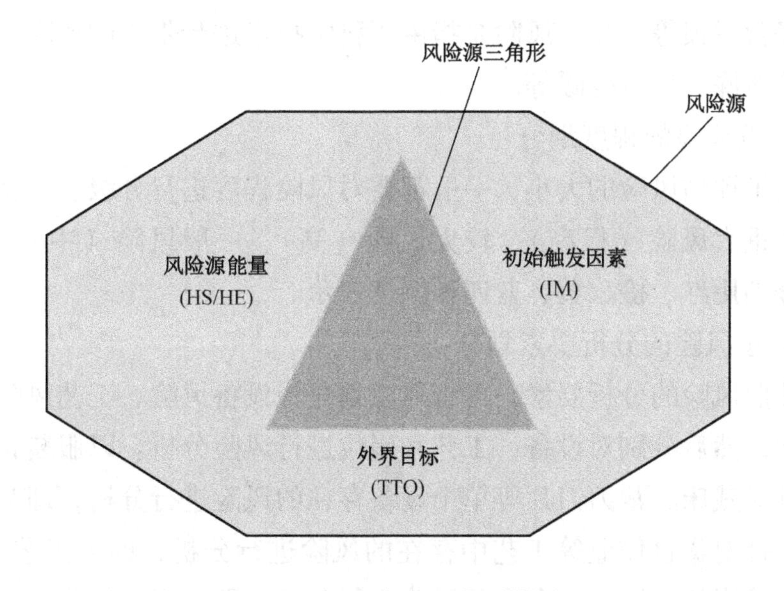

图 2－1　风险源三角形模型

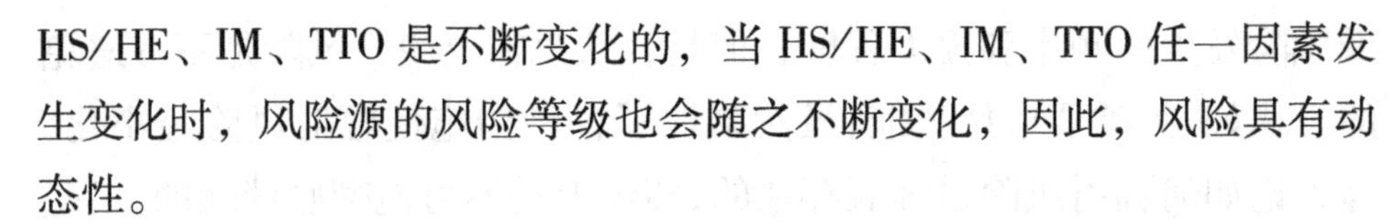

HS/HE、IM、TTO是不断变化的，当HS/HE、IM、TTO任一因素发生变化时，风险源的风险等级也会随之不断变化，因此，风险具有动态性。

2.1.4 风险分类

风险分类已有较长的历史，人们根据实践经验，针对不同研究范畴和角度对风险产生了多种分类视角，不同分类方法各具逻辑性和互补性。

1. 按风险产生的原因划分

按照风险产生的原因，可将风险划分为自然风险、社会风险、政治风险、经济风险、技术风险等。自然风险是指自然界存在的可能危及人类生命财产安全的危险因素所引发的风险，如雷电、地震、水灾、风灾、冻灾、旱灾等。社会风险是指社会结构中存在的不稳定因素带来的风险，如盗窃、抢劫、罢工、故意破坏等。政治风险是指国内外的政治行为所导致的风险，如国家战争、国家动乱、种族冲突等。经济风险是指经济活动中所存在的风险，如通货膨胀、市场失控、经营亏损等。技术风险是指由于科学技术进步带来的风险，如酸雨、核泄漏、地球变暖等。

2. 按风险的程度划分

为了评估风险的大小，一般都要对风险程度进行分级。可将风险划分为重大风险（极高）、较大风险（高）、一般风险（中）、低风险，分别用红、橙、黄、蓝四种颜色表示。

3. 按风险的分析要素划分

按照风险的分析要素，可将风险划分为设备风险、工艺风险和岗位风险，然后分别对设备、工艺和岗位进行风险分析。以服装企业为例，针对裁床、裁刀刀片等单个设备存在的风险进行分析，即为设备风险；针对烫台作业等工艺中存在的风险进行分析，即为工艺风险；针对锅炉岗位等岗位中存在的风险进行分析，即为岗位风险。

4. 按风险的因果关系状态划分

根据风险及其潜在后果之间因果关系建立的难易程度、建立后的可靠性和争议程度，可将风险划分为简单风险、复合风险和不确定风险。简单风险是指那些因果关系清楚，潜在的负面影响十分明显，不确定性很低或者已达成共识的风险，比如交通事故、已知的健康风险等。但简单风险并不等同于小的和可忽略的风险。复合风险是指那些因果关系很难识别或者量化的风险，此类风险具有复杂性，风险因素之间可能转化、衍生、耦合成新的风险，比如拥挤踩踏、大坝溃坝风险等。不确定风险是指那些影响因素已经明确，但其潜在的损害及其可能性未知或高度不确定，对不利影响本身或其可能性还不能准确描述的风险，比如地震、新型传染病风险等。

5. 按风险的工作内容和管理方式划分

按照工作内容和管理方式，可将风险划分为企业点位风险、企业整体风险和区域综合风险。企业点位风险是企业评估出的各类风险在地理位置上的集合，通常表现为责任单位与风险类别的组合。企业整体风险是在企业点位风险评估基础之上，综合考量企业本身及社会风险因素，评估出企业的整体风险水平。区域综合风险是在企业点位风险和企业整体风险评估基础之上，依据区域内各类共性风险的集合，综合考量行政区域内固有风险、应急能力、监管能力等因素的综合风险水平。

2.2　风险相关术语

2.2.1　风险源

风险源,顾名思义是风险的源头,与风险密不可分。《风险管理指南》(ISO 31000：2018）和《风险管理　术语》(GB/T 23694—2013）给出了风险源的定义：指可能单独或共同引发风险的内在要素。

风险源同风险一样，是一个中性词。该词外延很大，不仅涉及安全生产方面的风险，还包括经济、金融等其他方面的风险。风险源可以是有形的，也可以是无形的。

本书中所指的风险源均为安全生产领域的风险源，简称风险源，是生产经营活动中存在的，可能造成人员伤害或疾病、财产损失、工作环境破坏或这些情况组合的根源或状态，可能是设备、设施、材料、装置、工作场所的物理状态、作业环境、工作区域、作业活动、行为及人的因素等。风险源可以是相对静态的固有风险，如机械化酿酒的蒸馏设施、发酵设施、原酒存储罐区等，也可以是设备设施操作及作业活动过程带来的作业活动等动态风险，如蒸馏作业、晾渣作业、脱硫脱硝除尘作业等。

2.2.2 危险源

《职业健康安全管理体系　要求及使用指南》(GB/T 45001—2020）给出了危险源的定义：是指可能导致伤害和（或）健康损害的来源。危险源可包括可能导致伤害或危险状态的来源，或可能因暴露而导致伤害和健康损坏的环境。

危险源有时称为危险有害因素，在进行危险源分析时，必须考虑（但不限于）基础设施、设备、原料、材料和工作场所的物理环境，产品和服务的设计、研究、开发、测试、生产、装配、施工、交付、维护或处置，人的因素，工作如何执行等方面产生的危险源。

而风险源是个大的概念，不仅涉及安全生产方面的风险，还包括经济、金融等其他方面的风险。考虑到我国安全生产领域现实存在的相关称谓，在安全生产领域，风险源与危险源同义，本书中统一选用风险源这一术语进行阐述。

2.2.3 重大危险源

《危险化学品重大危险源辨识》(GB 18218—2018）给出了危险化学品重大危险源的定义：指长期地或临时地生产、储存、使用和经营危险化学品，且危险化学品的数量等于或超过临界量的单元。

目前，重大危险源是危险化学品行业的专有术语，其他行业均没有重大危险源的概念。重大危险源的评判仅基于有害物质（危险化学品）数量的多少，由一旦失控可能造成的后果的严重程度（如死亡半径等）来确定。也就是说，重大危险源评判不需要考虑事故发生的可能性，仅需考虑后果的严重性。而重大风险的判定需要综合考虑可能性和后果严重性两个指标。因此，客观上来讲，如果重大危险源的安全管控措施到位，事故发生可能性为基本不可能或者较不可能时，其对应的风险等级未必是重大。

但是，考虑到风险评估工作的主观性，为规避风险可能性确定中的人为因素影响，在城市风险评估工作中，一般将重大危险源的风险等级评判为重大风险。

2.2.4　事故隐患

《安全生产事故隐患排查治理暂行规定》（国家安全生产监督管理总局令第16号）中给出了事故隐患的定义：是指生产经营单位违反安全生产法律、法规、规章、标准、规程和安全生产管理制度的规定，或者因其他因素在生产经营活动中存在可能导致事故发生的物的危险状态、人的不安全行为及管理上的缺陷。

事故隐患分为一般事故隐患和重大事故隐患。一般事故隐患是指危害和整改难度较小，发现后能够立即整改排除的隐患。重大事故隐患是指危害和整改难度较大，应当全部或者局部停产停业，并经过一定时间整改治理方能排除的隐患，或者因外部因素影响致使生产经营单位自身难以排除的隐患。

风险源是客观存在的，虽有风险但有管用有效的措施，则风险可控受控，风险就不会转化为隐患。而隐患是具有本质属性的薄弱环节，是指某一类安全风险管控措施失效或弱化后，由风险可控向不可控转变、演变而来的。因此，事故隐患一定是风险源，风险源不一定

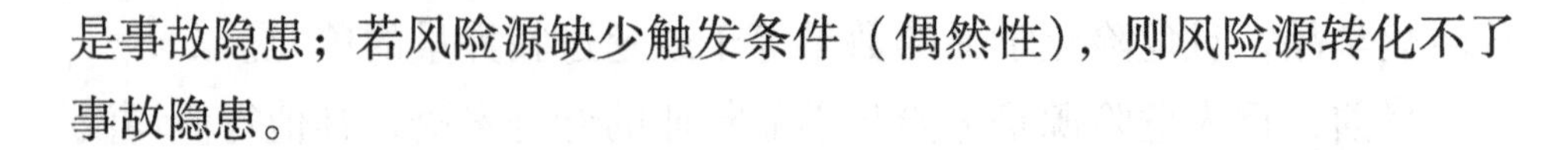

是事故隐患；若风险源缺少触发条件（偶然性），则风险源转化不了事故隐患。

2.3 安全风险内涵

2.3.1 风险与安全

《职业健康安全管理体系 要求及使用指南》(GB/T 45001) 中对“安全”的定义是免除了不可接受损害风险的状态。安全度是衡量系统风险控制能力的尺度，表示人员或者物质的安全避免伤害或损失的程度；风险度是指单位时间内系统可能承受的损失，是特定危害性事件发生的可能性与后果的结合。

安全度与风险度只有互补关系，用一种近似客观量表达这种关系时，可以描述为：安全度 = 1 - 风险度。安全度越高，风险度越低，发生事故的概率越小；另外，双方相互依存，共同处于一个统一体中，存在着向对方转化的趋势，即在一个系统中总是此涨彼落或此落彼涨。因此，要想提高系统的安全度，就要着手降低风险度；实现安全最大化取决于风险最小化。

2.3.2 风险与危险

危险是可能产生潜在损失的征兆。危险是客观存在，无法改变的，是与安全相对立的一种现在的或潜在的不希望事件状态。危险出现时会引起不幸事故。它是风险的前提，没有危险就无所谓风险。而风险用于描述未来的随机事件，它不仅意味着不希望事件状态的存在，更意味着不希望事件转化为事故的渠道和可能性。

在现实实践中，某系统的危险是客观存在的，但通过风险管控，可以将系统风险控制在可接受水平，实现“固有危险性很大，但现实风险很低”，即“高危低风险”。目前机动车交通事故造成的伤亡人数居各类事故之首，而乘坐飞机却十分安全，就反映了这一现象。据统计，乘坐飞机的风险是乘坐机动车风险的1/2200。其实，与机动车行驶相比，飞机飞行具有的危险（能量）要高得多，因为它不仅有比机动车高得多的动能（速度快），还有机动车所没有的更高的势能（在万米高空飞行）。为什么会出现如此反差？原因就在于外界干预的差别。由于飞机飞行比机动车行驶具有的危险（能量）高得多，一旦发生事故后果不堪设想，因此，从飞机的设计、制造，到日常的运行、维护，都极其规范、严格，使得飞机飞行真正做到“高危低风险”。

2.3.3 风险与隐患

“隐患”一词最初的含义是隐藏的祸患，而安全生产领域所指的“隐患”，并非是隐藏的祸患，而是指人的不安全行为、物的不安全状态，或管理上的缺陷。之所以加“隐”字，是因为无论人的不安全行为，还是物的不安全状态，都是导致事故发生的小概率事件，相对于事故而言，它们都是藏而不露、不易为人们所重视。比如，煤气的罐体及其附件的缺陷以及使用者的违章操作就属于隐患范畴，一旦煤气罐中的煤气失控泄漏就可能引发事故。因此，隐患取决于法规、标准的要求，具有人为定义的属性；由于违反法律、法规等的要求，所有隐患都是要被消除或整改的；隐患是导致事故的必要条件，隐患失控可导致事故灾难。

“风险”一词通常用事件后果和事件发生可能性的组合来表示。因此，风险是对系统客观存在所具有的危险程度的主观评价，也就是说，风险是对风险源作出的主观评价，风险是风险源的属性，风险源是风险的载体。

事故隐患属于风险源，而风险是对风险源作出的主观评价，因此，风险与隐患是一对既有区别又有联系的概念，隐患的大小、多少影响着风险源风险等级的高低。但重大隐患不一定有重大风险，一般隐患也可能具有重大风险，“千里之堤，毁于蚁穴”就说明了这一现象。

2.3.4 风险与事故

理论上讲，所有事故都来源于系统存在的风险。风险源是可能造成事故灾难的根源，但单纯的风险源并不会发生事故。为防止风险源能量的意外释放，法律法规、标准规范及规章制度等制定了一系列的屏障，使得风险源处于受控状态，如图 2－2 所示。

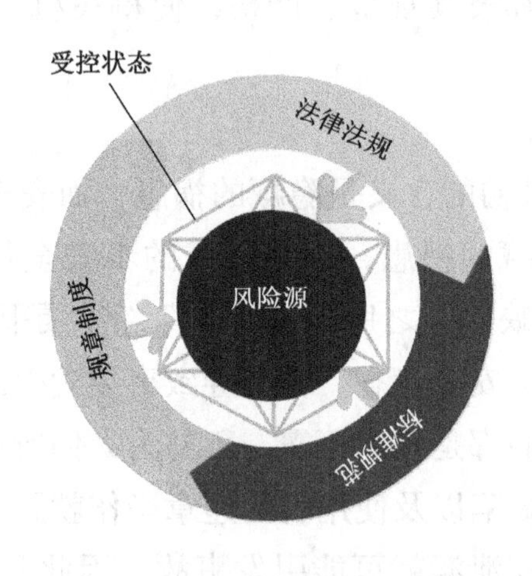

图 2－2　风险源处于受控状态

但是，任何防止能量意外释放的屏障都不是完美无缺的，不同程度地存在着这样、那样的缺陷或漏洞。比如，生产过程中出现的违法行为、违章作业、设计缺陷、检维修不当等，这些偏离正常状态的人的不安全行为、物的不安全状态、管理上的缺陷就像屏障上出现的孔洞。在特定时机下，各类触发条件都发生，这时屏障上的所有孔洞都位于一条直线上，形成了通路，防护屏障也就失去了作用，风险源的能量就能够穿透所有屏障而被意外释放，便产生了事故，如图 2－3、图 2－4 所示。

由此可见，事故是系列安全风险因素失控的产物，进行事故防控时，必须在梳理清楚风险源触发因素相互关系的基础之上，采取恰当

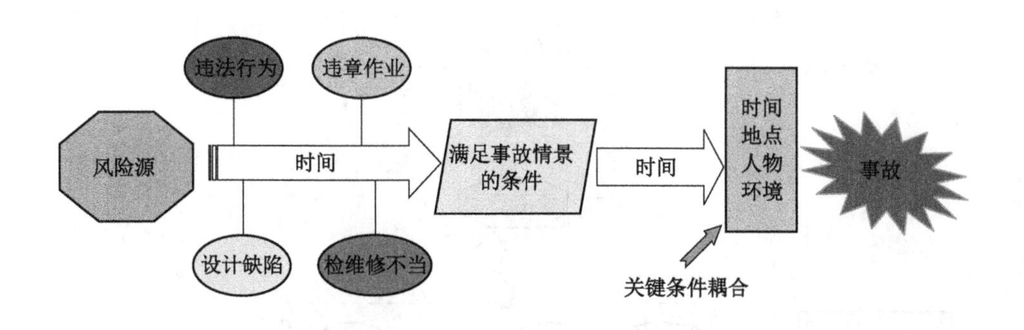

图 2-3 风险源——事故时间链条示意图

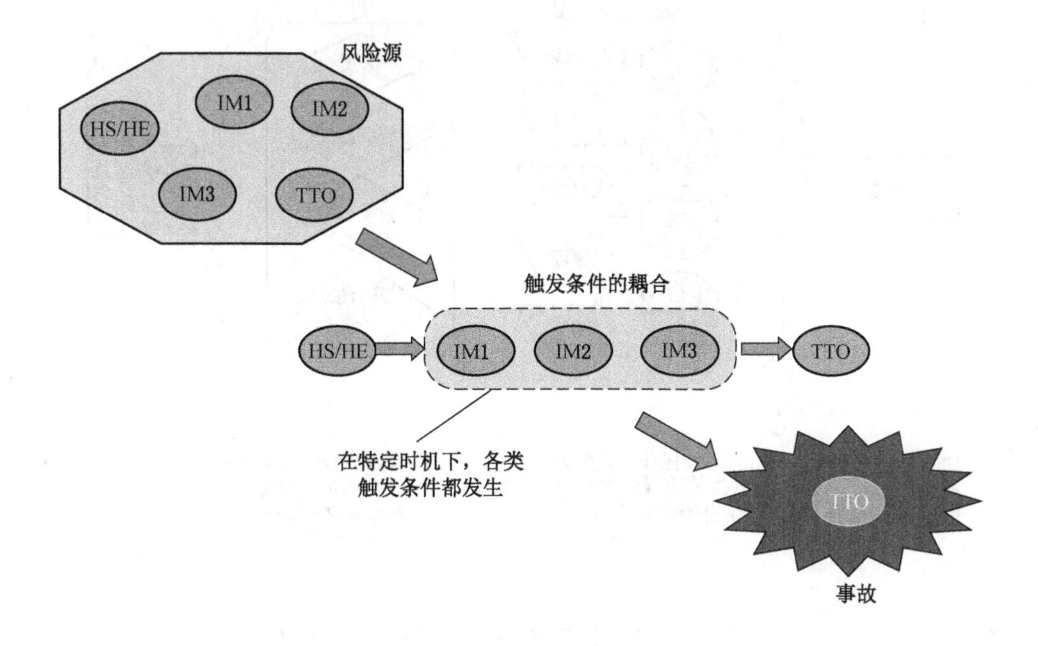

图 2-4 风险源——事故耦合关系示意图

的措施去综合管控，而不是孤立的控制各个因素。消除违法行为、排查治理隐患、管控安全风险就像防止风险源能量意外释放的系列屏障，通过工作层层推进，逐步实现风险源的有效管控，防止风险源因不受控而导致事故发生，如图 2-5 所示。

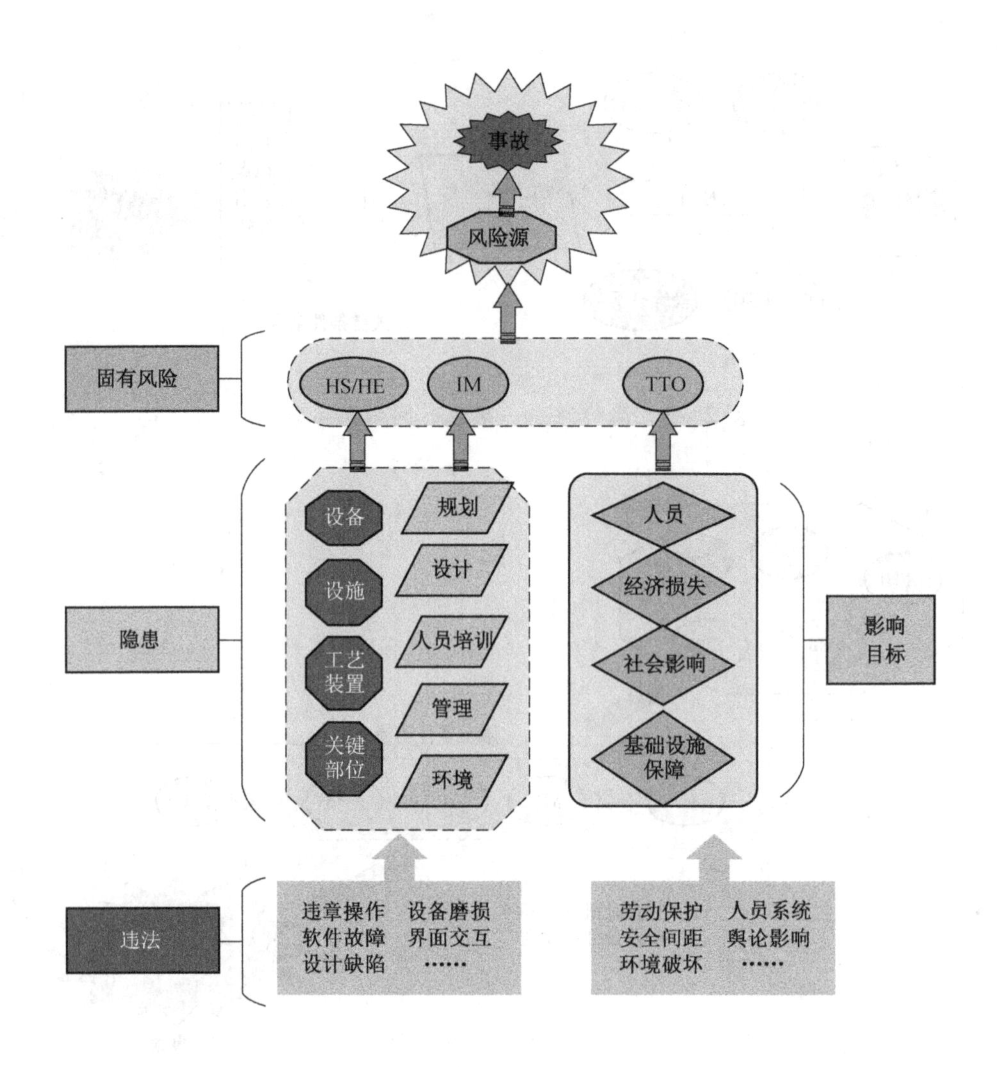

图2－5　风险源影响因素关系模型示意图

消除违法行为是第一层屏障。违法行为是指违背法律规定的行为，比如违章建筑、“三合一”建筑、安全管理人员能力不足等，这些行为多是导致事故的直接原因，在法律中均有明确的罚则，必须坚决予以消除。

排查治理隐患是第二层屏障。大量事故表明，隐患仍是导致事故发生的根源。人的不安全行为、物的不安全状态、管理上的缺陷等隐患就像防控屏障上的漏洞，漏洞太多就可能导致防控工作形同虚设，从而造成事故的发生。因此，要以隐患排查治理为手段，认真排查防控中出现的缺失、漏洞和失效环节，进而采取相应对策进行弥补，从而促使屏障有效发挥作用。

管控安全风险是第三层屏障。以安全风险辨识和管控为基础，从源头上系统辨识风险、分级管控风险，将各类风险管控好，使各种事故风险因素处于受控状态，风险水平处于可接受范围。因此，安全就是消除违法行为，治理事故隐患，并将风险控制在可接受范围。

2.3.5 风险管理与隐患排查治理

《国务院安委会办公室关于实施遏制重特大事故工作指南构建双重预防机制的意见》(安委办〔2016〕11号）中提出，要构建安全风险分级管控和隐患排查治理双重预防机制。

风险管理是系统性管理，包涵风险源辨识分析并设置相应屏障进行防控。同时，由于防控屏障都不同程度存在着缺陷、漏洞，为使防控屏障有效发挥作用，还应对防控屏障上的缺陷、漏洞进行辨识与弥补。其中，对防控屏障上的缺陷、漏洞进行辨识与弥补就是隐患的排查治理。由此可见，风险管理包括隐患的排查与治理，而隐患排查治理是风险管理中的一个环节。

既然风险管理包含了隐患的排查治理，那么，相对于全面管控的风险管理而言，隐患的排查治理是否显得多此一举？其实，西方国家并没有隐患排查与治理的概念，而是通过实施风险管理来有效防止各类事故的发生。

纵观我国当今发生的各类事故，固然有因对能量或有害物质没有辨识、缺乏必要的防控措施所造成的“想不到”事故，但更多的则是那些想得到但却“管不住”的事故，也就是虽然辨识出了需要防控的能量或有害物质，也设置了相应的防控屏障，但由于防控屏障上的缺陷、漏洞太多，导致其形同虚设，失去了应有的屏蔽作用，从而造成事故的发生。因此，为有效防控事故的发生，全面辨识风险源并设置相应的屏障固然重要，但更为重要的是，要使所设置的屏障发挥作用，为此必须辨识并堵塞防控屏障上的漏洞，从而解决所谓“管不住”的问题，这也正是隐患排查治理的主攻对象。因此，在现阶段国家推出了风险管控与隐患排查治理双重机制，通过风险管理解决“想不到”的问题，通过隐患排查治理解决“管不住”的问题，这对于有效防控各类事故的发生具有很好的现实意义。

2.3.6 风险管理与应急管理

风险管理的管理对象是风险，渗透到规划、设计、建设、管理、运行、服务等各个环节中，从基础层面和环节避免或减少损失的产生；管理过程包括计划和准备、风险辨识、风险分析、风险评价、风险处置、风险监测与更新、风险预警、风险沟通等多个环节；管理目标是预防和减少事故的发生。

应急管理的对象是突发事件，管理过程包含事前、事中、事后的预防与应急准备、监测与预警、应急处置与救援、事后恢复与重建等多个环节；管理目标是预防和减少突发事件及其造成的损失。

危机管理的对象是危机，通常是针对影响范围特别大、影响时间特别长、伤亡或损失特别严重，对经济社会造成极端恶劣影响的特别重大突发事件，而且是在时间紧迫和不确定性极高的情况下需要采取果断措施进行的管理。比如，对2003年“非典”疫情、2008年低温雨雪冰冻灾害、汶川“5·12”特大地震等特别重大突发事件的管理。

风险管理最后阶段的风险处置工作会带来两种后果：其一，如果风险被成功控制，则重新进入常态管理和风险管理的起点；其二，如果风险处置失败，“风险”转化为“突发事件”，则立刻进入应急管理阶段。应急管理最后阶段的突发事件处置工作也会带来两种后果：其一，如果突发事件得到有效控制，“突发事件”转化为“风险”回到风险管理阶段；其二，如果突发事件不能有效控制，“突发事件”转化为“极端严重突发事件”，则进入危机管理阶段，具体如图 2－6 所示。

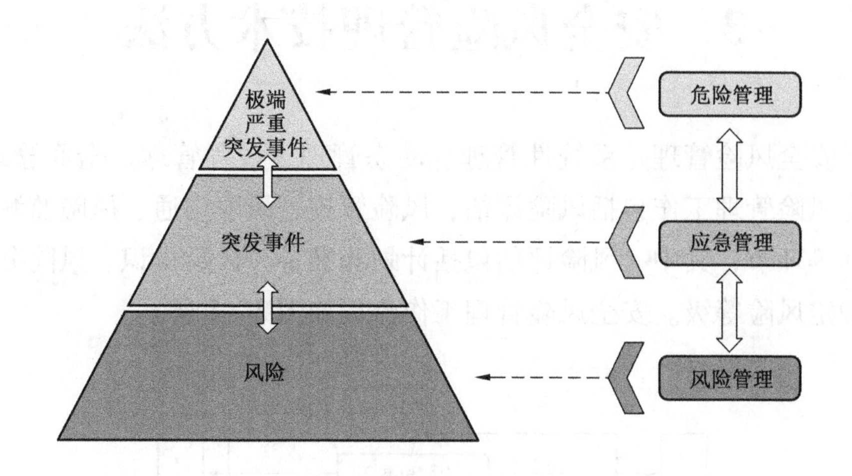

图 2－6　风险管理、应急管理、危机管理的转化关系图

3 安全风险管理技术方法

安全风险管理是系统性管理、动态管理、过程管理、全面管理。安全风险管理工作包括风险评估、风险管控、风险沟通、风险监测与更新等环节，其中，风险评估包括计划和准备、风险辨识、风险分析和确定风险等级。安全风险管理工作流程如图 3-1 所示。

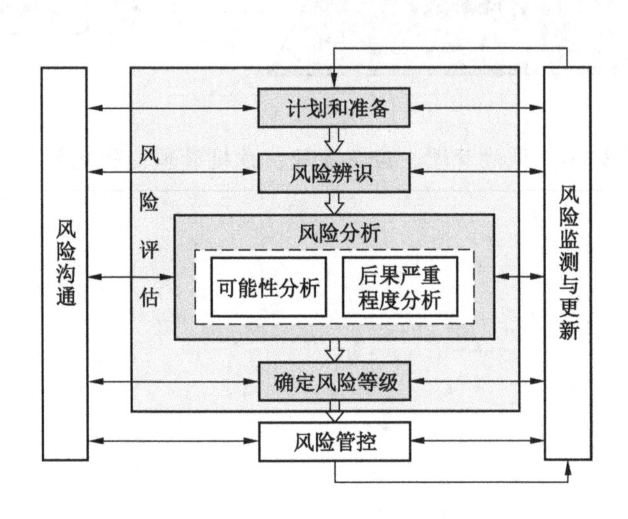

图 3-1 安全风险管理工作流程图

3.1 计划和准备

计划和准备是风险管理工作的基础，是风险管理有序有效进行的保证。要坚持底线思维，把握外部环境变化，在充分调研的基础上，

成立工作团队，开展技术和数据准备，选择评估方法等。

3.1.1　成立工作团队

安全风险管理渗透到企业的规划、设计、建设、管理、运行、服务等各个环节中，因此，风险管理不是一个人的工作，需要调动企业所有员工的积极参与并承担相关责任，尤其是需要具有丰富实践经验及专业知识的一线人员参与。要对企业经营运行中可能面临的风险进行全方位的辨识，并形成安全风险管理的长效机制。

安全风险管理工作团队中除了需要一线人员的参与，也要有企业高级管理人员、部门管理人员及安全管理人员的参与。

企业高级管理人员的参与，对风险管理工作中的事项进行统一协调，确保为风险管理分配必要的人员、技能、经验和能力等资源，在组织内相应级别分配权限和职责。

根据团队能力不同，还可以考虑引入外部专家或第三方机构，以确保安全风险辨识评估结果的客观性和可靠性。如果确定由第三方完成，企业内部成员（至少是运行人员及管理人员）需要全程跟踪评估过程。

3.1.2　技术和数据准备

风险管理工作需要结合场所环境、工艺、设备设施和作业活动等实际情况，梳理相关法律法规、标准规范、设备设施数据以及国内外相关事件案例分析等资料，选择和确定风险水平判定的准则依据，确定数据采集和分析处理的方法路径，制定或细化调研表格、风险清单和风险报告样式等。

需要收集的资料包括但不限于：①与风险评估工作相关的法律、法规、标准和规范；②安全生产系统的结构、布局，作业空间布置，通道及出口情况等作业环境情况；③工艺布置，设备名称、容积、温度、压力，设备性能，设备本质安全化水平，工艺设备的固有缺陷，所使用的材料种类、性质、危害，使用的能量类型及强度等生产工艺

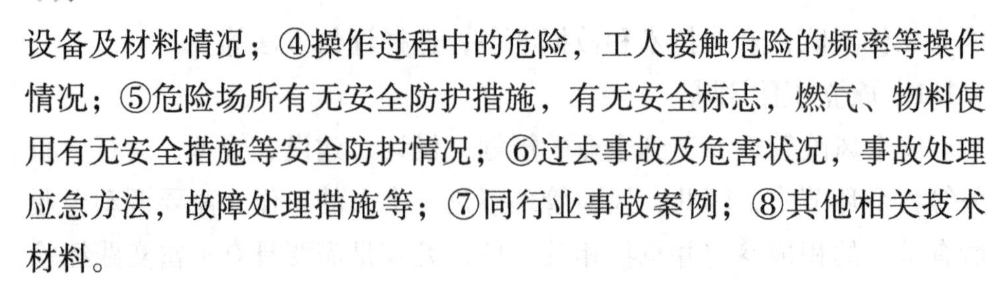

设备及材料情况；④操作过程中的危险，工人接触危险的频率等操作情况；⑤危险场所有无安全防护措施，有无安全标志，燃气、物料使用有无安全措施等安全防护情况；⑥过去事故及危害状况，事故处理应急方法，故障处理措施等；⑦同行业事故案例；⑧其他相关技术材料。

3.1.3 选择评估方法

安全风险评估的方法很多，选择何种方法需要取决于评估目标、评估对象的类型和复杂程度、评估可利用的资源等。

《风险管理　风险评估技术》(ISO/IEC 31010) 和《风险管理　风险评估技术》(GB/T 27921) 中推荐了多种风险评估的常用技术方法，具体详见表3－1。

表3－1　安全风险评估方法适用性统计表

工具及技术	风险评估过程				
	风险识别	风险分析			风险评价
		后果	可能性	风险等级	
头脑风暴法	SA	A	A	A	A
结构化/半结构化访谈	SA	A	A	A	A
德尔菲法	SA	A	A	A	A
情景分析	SA	SA	A	A	A
检查表	SA	NA	NA	NA	NA
预先危险分析	SA	NA	NA	NA	NA
失效模式和效应分析	SA	SA	SA	SA	SA
危险与可操作性分析	SA	SA	A	A	A
危害分析与关键控制点	SA	SA	NA	NA	SA
结构化假设分析	SA	SA	SA	SA	SA
风险矩阵	SA	SA	SA	SA	A

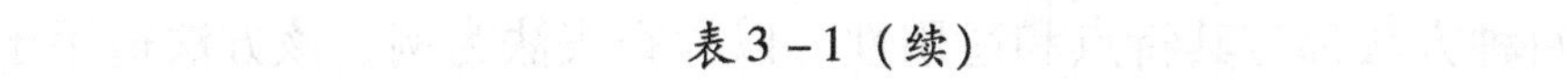

表3-1（续）

工具及技术	风险评估过程				
	风险识别	风险分析			风险评价
		后果	可能性	风险等级	
人因可靠性分析	SA	SA	SA	SA	A
以可靠性为中心维修	SA	SA	SA	SA	SA
压力测试	SA	A	A	A	A
保护层分析法	A	SA	A	A	NA
业务影响分析	A	SA	A	A	A
潜在通路分析	A	NA	NA	NA	NA
风险指数	A	SA	SA	A	SA
故障树分析	A	NA	SA	A	A
事件树分析	A	SA	A	A	NA
因果分析	A	SA	SA	A	A
根原因分析	NA	SA	SA	SA	SA
决策树分析	NA	SA	SA	A	A
蝴蝶图法（Bow-tie）	NA	A	SA	SA	A
层次分析法（AHP）	NA	A	A	SA	SA
在险值法（VaR）	NA	A	A	SA	SA
均值-方差模型	NA	A	A	A	SA
资本资产定价模型	NA	NA	NA	NA	SA
FN 曲线	A	SA	SA	A	SA
马尔可夫分析法	A	SA	NA	NA	NA
蒙特卡罗模拟法	NA	NA	NA	NA	SA
贝叶斯分析	NA	SA	NA	NA	SA

注：SA 表示非常适用；A 表示适用；NA 表示不适用。

每种方法都有其特点和适用性。以检查表法为例，该方法适用于风险辨识工作，但不适用于可能性分析、后果严重程度分析以及确定风险等级。因此，企业在进行风险辨识时，可组织专业人员编制安全检查表，依据检查表方法进行风险源辨识，但不要将此法用于可能性分析、后果严重程度分析以及确定风险等级。

3.2 风险辨识

风险辨识是运用有关知识和方法，对系统存在的风险进行识别、描述和科学预判，确定风险源、影响范围、影响因素、潜在后果、发展趋势等，得到全面的风险辨识清单的工作过程。

3.2.1 风险辨识方法

为保障风险辨识的全面性和可靠性，应合理选择并综合使用（但不限于）以下常用方法。

1. 历史数据资料分析法

依据相关统计信息、突发事件案例、风险评估报告、事故调查报告等历史数据资料，结合风险相关因素的变化，有针对性地搜集获取最新信息，综合分析研判现状和发展趋势，列举出可能出现的各类风险。此方法适用于各类风险的辨识。

2. 系统分析法

对于涉及多个过程环节且形成演化流程清晰的风险，考虑运用系统分析方法对每一环节可能出现的不利情况进行列举或全面排查。可以借鉴情景分析、危险与可操作性分析、事故模型分析等方法思路，按事件发展的时间顺序、因果关系等，系统分析事件可能产生的各种后果，把握整个事件的动态变化过程。

3. 专家经验法

对照有关标准、法规、检查表或依靠分析人员的观察分析能力，借助于经验和判断能力直观地评价对象危险性和危害性的方法。经验

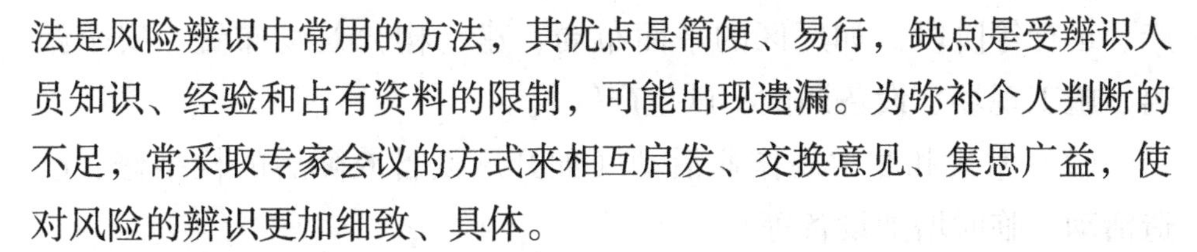

法是风险辨识中常用的方法，其优点是简便、易行，缺点是受辨识人员知识、经验和占有资料的限制，可能出现遗漏。为弥补个人判断的不足，常采取专家会议的方式来相互启发、交换意见、集思广益，使对风险的辨识更加细致、具体。

4. 头脑风暴法

通过交流研讨、专家会商、专项调研等方法，充分征求内外部专家和各利益相关方的意见，推动公众参与，分析列举可能出现的风险。此方法适用于各类风险的辨识，特别适用于缺乏历史数据、综合复杂性高、难以量化分析的风险类型。

5. 风险清单法

与有关标准、规范、规程或事故经验相对照，在大量实践经验的基础上编制形成风险清单。参与风险辨识的人员可以比对风险清单进行本单位风险源辨识，对于缺少经验的人员，风险清单可以提供参考和借鉴。此方法更适用于大规模层面的企业安全风险评估工作。

3.2.2　风险辨识内容

风险辨识所要解决的主要问题是，存在哪些风险，引起这些风险的主要原因以及这些风险可能引发的后果是什么。

1. 风险辨识范围

风险辨识要防止遗漏，不仅要考虑自身员工活动所带来的危害，还要考虑合同方人员和访问者的活动、使用外部提供的产品或服务所带来的风险；在作业活动方面，不仅要考虑常规活动，还要考虑非常规的活动；在设备设施方面，不仅要分析正常生产、操作时的风险，更重要的是要充分考虑异常状态、紧急状态下潜在的各种风险，分析约束失效，设备、装置破坏及操作失误可能产生严重后果的风险。风险辨识包括：

（1）规划、设计（重点是新建、改建、扩建项目）和建设、投

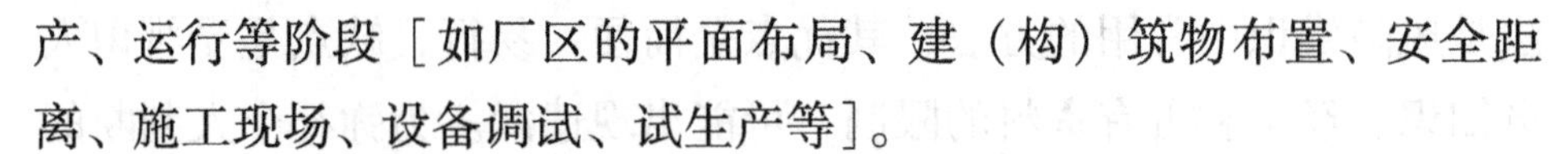

产、运行等阶段［如厂区的平面布局、建（构）筑物布置、安全距离、施工现场、设备调试、试生产等］。

（2）常规和非常规作业活动（如开展设备故障后的检维修、改造活动，临时增加设备等）。

（3）事故及潜在的紧急情况（如已经发生过的事故或虽未发生但一发生将产生不良后果的情况，事故应急救援设施等）。

（4）所有进入作业场所人员的活动（如外部人员参观或外来单位人员进入厂区作业）。

（5）原材料、产品的运输和使用过程（如物料的燃爆性，原料的装卸等）。

（6）作业场所的设施、设备、车辆、安全防护用品（如生产设备装置、电气设备等）。

（7）工艺、设备、管理、人员等变更（如工艺参数的改变，设备的改变或改进，管理上的新要求，新员工上岗等）。

（8）丢弃、废弃、拆除与处置（如设备设施回收、拆除、处置等）。

（9）气候、地质及环境影响等（如厂址地形、自然灾害、周围环境、气象条件、资源交通、抢险救灾支持等）。

2. 引发风险的因素

引发风险的因素包含人、物、环境和管理四个方面。

1）人的因素

人的因素主要指人的行为，包括活动中的违章违规施工作业、误操作行为以及恶意破坏、煽动组织等。当风险的承载对象为人员本身时，通常还包括人员的身体健康、心理状况、年龄性别等人员因素。

（1）心理/生理性因素（负荷超限，健康状况异常，从事禁忌作业，心理异常，辨识功能缺陷，其他心理、生理性因素）。

（2）行为性因素（指挥错误、操作错误、监护失误、其他行为性因素）。

2）物的因素

物的因素主要指物所处的状态，包括建筑、设施、设备等物理性能的老化、缺少防护装置、处于敏感或危险区域等。

（1）物理性因素（设备、设施、工具、附件缺陷，防护缺陷，电伤害，噪声危害，振动危害，电离辐射，非电离辐射，运动物危害，明火，高温物质，低温物质，信号缺陷，标志缺陷，有害光照，其他物理性因素）。

（2）化学性因素（爆炸品，压缩气体和液化气体，易燃液体，易燃固体、自然物品和遇湿易燃物品，氧化剂和有机过氧化物，有毒品，放射性物品，腐蚀品，粉尘与气溶胶，其他化学性因素）。

（3）生物性因素（致病微生物，传染病媒介物，致害动物，致害植物，其他生物性因素）。

3）环境因素

环境因素主要包括自然条件、社会情形、国内外局势等外部宏观环境因素，以及风险发生地（区域）周边场所、生态等局部微观环境因素。

（1）室内作业场所环境不良（室内地面湿滑，室内作业场所狭窄，室内作业场所杂乱，室内地面不平，室内梯架缺陷，地面、墙和天花板上的开口缺陷，房屋基础下沉，室内安全通道缺陷，房屋安全出口缺陷，采光照明不良，作业场所空气不良，室内温度、湿度、气压不适，室内给、排水不良，室内涌水，其他室内作业场所环境不良）。

（2）室外作业场所环境不良（恶劣气候与环境，作业场地和交通设施湿滑，作业场地狭窄，作业场地杂乱，作业场地不平，航道狭窄、有暗礁或险滩，脚手架、阶梯和活动梯架缺陷，地面开口缺陷，建筑物和其他结构缺陷，门和围栏缺陷，作业场地基础下沉，作业场地安全通道缺陷，作业场地安全出口缺陷，作业场地光照不良，作业场地空气不良，作业场地温度、湿度、气压不适，作业场地涌水，其他室外作业场地环境不良）。

（3）其他作业环境不良（强迫体位，综合性作业环境不良，以上未包括的其他作业环境不良）。

4）管理因素

管理因素主要包括各项法律法规和规章制度的完善落实以及各方面的组织管理及应急管理等。

（1）安全管理组织机构不健全。

（2）安全生产责任制未落实。

（3）安全生产管理规章制度不完善（建设项目“三同时”制度未落实，操作规程不规范，事故应急预案及响应缺陷，培训制度不完善，其他职业安全卫生管理规章制度不健全）。

（4）安全生产投入不足。

（5）应急管理不完善。

（6）其他管理因素缺陷。

3. 风险发生的时空特征

考虑风险所属的风险类别属性特征，以及风险辨识颗粒度的需要，分析风险发生的时间、环节和区域。

4. 风险可能导致的后果

分析风险可能引发的突发事件和次生、衍生事件，以及影响对象、影响方式等，包括可能造成的人员伤亡、经济损失、环境影响、政治影响、社会影响、媒体关注度等。

3.2.3　风险辨识程序

安全风险辨识首先是查找企业各生产单元、各项重要运行活动、重要工艺流程中存在的风险，然后对查找出的风险进行描述、分类，

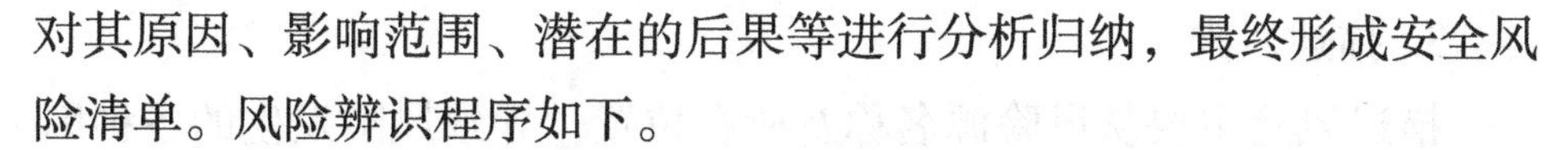

对其原因、影响范围、潜在的后果等进行分析归纳，最终形成安全风险清单。风险辨识程序如下。

1. 细化系统，划分单元

为了更全面系统地辨识生产经营活动中存在的风险，遵循“大小适中、便于分类、功能独立、易于管理、范围清晰”的原则，按生产（工作）流程的阶段、地理区域、装置的相对独立性、作业任务以及上述几种方法进行有机结合，将具有共性风险的场所和装置划为一个单元，将系统划分为子系统，然后分析每个子系统中所存在的各类风险源。单元的划分参考如下：

（1）按照原料、产品储存区域、生产车间或装置、公辅设施等功能分区进行划分。示例：按区域场所划分为原料仓库、生产车间、成品仓库、储罐区、制冷车间、污水处理场、锅炉房等。

（2）对于规模较大、工艺复杂的系统可按照所包含的工序、设施、部位进行细分。示例：按工序划分如纺织行业的前纺工序、织造工序等；按设施划分如除尘系统等；按部位划分如铁合金生产企业的炉前部位、炉面部位等。

（3）对操作及作业活动等划分。其应当涵盖生产经营全过程所有常规和非常规状态的作业活动。如果是一般的作业活动，可结合设备、设施或连续性工艺流程的安全风险辨识一起开展；如果是风险等级高、可能导致严重后果的高危险作业活动，应将其单独作为风险源进行安全风险辨识（如高温熔融金属吊运、危险区域动火作业、受限空间作业等危险作业）。作业活动风险辨识时应详细划分其工作步骤，并把每一步可能存在的风险尽可能地全面辨识。

2. 风险辨识

从不同层面、不同角度识别风险源的影响范围、事件及其原因和潜在后果，参考国内外典型事件案例和相关统计数据，分析、列举、细化各种可能发生的风险。

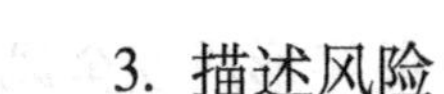

3. 描述风险

描述风险主要从风险源名称及所在位置，导致风险发生的各种因素，风险造成不利后果的事故风险类型，以及上述事件可能影响的人群、组织、设施、系统、环境等对象和区域，及其影响方式和程度，现有的和应补充的风险管控措施等。其中，各类风险源以及相关影响因素，应具体化、明确化，并尽可能空间化。

4. 形成风险清单

对分析排查出的风险进行必要的筛选和调整，确定包括风险源、事故风险类型、发生区域、位置地点、发生原因/影响因素、影响范围、潜在后果形式等内容的基本信息，填写风险辨识清单（表3－2），并根据环境、技术、形势变化和具体工作任务，适时动态调整。

表3－2 风险辨识清单

风险源	风险类型	发生区域	位置地点	发生原因/影响因素	影响范围	潜在后果形式

3.3 风险分析

风险分析是根据风险类型、获得的信息和风险评估结果的使用目的，对辨识出的风险进行定性和定量分析，为风险评价和风险管控提供支持的工作过程。风险分析包括对风险可能性与后果严重性的分析，以及在此基础上对风险关联性和其他风险特征的分析。风险分析是安全风险评估的重要一环，只有通过风险分析才能对辨识的安全风

险进行科学、合理的分级管控。

风险分析要考虑导致风险的原因、后果及其发生的可能性、影响后果和可能性的因素、不同风险及其风险源的相关关系以及风险的其他特性，还要考虑现有的管理措施及其效果和效率。

3.3.1　风险分析方法

为保障不同领域、不同类型风险分析的客观性和科学性，应合理选择并综合使用（但不限于）以下常用方法。

1. 基于模型的分析

基于详细而完备的基础数据，使用科学的指标体系，采用相关模型（如事故树、事件树、模糊综合分析、物理演化模型等）计算，对风险可能性、后果严重性进行分析。

2. 基于历史数据的分析

利用相关历史数据分析归纳过去发生的事件或情况，推断其在未来发生的可能性及后果。

3. 基于经验的分析

系统化和结构化地利用专家、风险管理者、风险作用对象的知识和经验，应利用一切现有的相关信息，包括历史、系统、组织、实验及设计等，分析风险的可能性及其后果。同时，注意吸纳可能受影响公众的经验和意见。常用方法包括德尔菲法和层次分析法等。

3.3.2　风险可能性分析

风险可能性分析是通过对风险源的固有属性、受影响对象的风险承受能力、风险管理者对风险的控制能力等要素的综合分析，确定风险事件发生可能性的过程。

风险可能性受风险源本身固有属性影响，同时与风险作用对象的承受能力和风险控制能力负相关，在分析时应综合考虑上述三个因素。有些风险因素引发事故发生的概率高，有些则相反，比如经过严格培训的员工进行高风险作业活动就要比未经严格训练而上岗的员工发生事故的可能性低得多。

在分析风险可能性这一步中，企业风险管理团队需要基于历史数据、专家判断以及对于未来的假设等来判断风险事件的发生概率。其中，历史数据不仅仅依据本单位历史数据进行评估分析，还需要依据概率论中的大数定律，对同行业其他行业、其他组织和权威机构发布的大量事故案例进行分类统计整理，根据足够多的样本数据估测同类型事故场景发生的概率。

大数定律是概率论中的一条重要定律，它阐述了大量随机现象的平均结果呈现出稳定性的规律。大数定律提供了统计众多风险事件出现的一般规律理论基础。只要被观察的风险样本足够多，就可以估测事故场景发生的概率，被观察的样本越多，估测值与实际值就越接近。比如，一家承包商承建一项高层商用住宅工程，就这个项目而言，建筑工人在施工中发生高空坠落的风险有多大是不确定的，工程施工中发生部分结构坍塌的风险事故的可能性也是不确定的。但是从以往众多类似工程项目的事故统计可以计算出平均的事故频率，那么该承包商可以以平均值为参照，估计出目前承建项目的事故频率。

事故频率的分析统计依赖于详细的事故类型统计，风险管理人员除了收集自己的历史事故资料和近期事故资料外，还应注意收集同类系统的事故资料及外界所公布的有关事故统计资料，并注意国际性动态资料。这些资料不仅有助于风险管理人员发现企业本身所面临的风险，而且可帮助风险管理人员分析企业所面临的风险变化，并推测过去未发生的风险在未来发生的可能性。对所收集的资料要求准确和完整，因为只有准确的资料才能反映客观情况，而完整的资料可以避免得出片面的结果。选择正确的资料来源是保证资料准确无误的关键，直接调查是补充资料不完整的重要手段。

我国目前尚未建立系统、全面的事故数据库，事故数据不全面，时间上不连续。企业收集的事故数据大多来源于网络上公开的数据库。一些数据库来源于官方数据库，由权威机构建立，数据质量相对较好，而也有一些数据库由咨询公司、兴趣团队或个人建立维护，质量参差不齐；有些数据库非常详细，并附有事故调查报告，而有些数据库只是对事故或意外进行了简单的描述，没有提供关于事故或者意外的原因信息；有些数据库只涉及重大安全事故，有些则关注一般及以上安全事故。在收集事故数据案例时，要尽可能选择官方权威数据库，全面地收集事故信息。另外，事故数据收集之后，必须将收集来的所有资料进行加工、综合，使之条理化、系统化，成为能够反映事故总体特征的综合资料。经过整理的资料，能以某种易读易懂的形式提供给使用这些资料的人。表3－3为事故/事件信息统计表的示例。

表3－3　事故/事件信息统计表

序号	事件描述	发生时间	场所位置	事故/事件原因	影响区域	次生衍生灾害	经济损失/万元	人员伤亡	事故救援情况
1									
…									

3.3.3　风险后果严重程度分析

风险后果严重程度分析是指针对风险管理工作目标，分析风险事件可能产生的不利影响或者后果，确定后果类型、受影响对象和严重程度的过程。

后果可分为客观损失和主观影响。其中，客观损失包括人员伤亡、经济损失、环境影响等，主观影响包括政治影响、社会影响、媒体关注度、敏感程度等。

后果严重程度通常受风险源本身固有属性的影响，同时与风险作用对象的承受能力和风险控制能力负相关。风险源的能量越高，一旦爆发所可能导致事故的后果严重程度就越大，相反，有些风险源的能量较低，即使失控也不会有太大的损害性。如不同规格的液化石油气罐，在相同的情形下，液化气储存量越大，其造成的后果严重程度也就相对大。后果严重程度还与风险源所处的环境有关，如相同规格的液化石油气罐，分别在闹市区餐饮企业和人口密度相对小的乡村使用，其所造成的后果严重程度是不同的。所以在进行后果严重程度分析的时候，要考虑周边是否有学校、医院、居民区、文物保护单位、宗教场所、大型公交枢纽、外事场所、文化娱乐场所、社会福利机构、公共图书馆、军事设施等重要防护目标，并评估风险对敏感防护目标的影响。

3.4 风险评价

风险评价是将风险分析结果与预定的风险准则进行比较，或者在风险分析结果之间进行比较，确定风险等级，为风险应对决策提供依据的过程。

按照评价结果的量化程度，风险评价方法可分为定性评价方法、半定量评价方法和定量评价方法。风险评价具有鲜明的行业特点，不同行业各不相同。有的行业可能只需简单的定性评价就可以，而有的行业可能需要包含大量文件资料的复杂定量分析。在选择评价方法时，需根据自身生产经营特点，选择和确定适用的评价方法，也可考虑多种方法的综合应用，提高评价结果的合理性，消除单一方法的局限性。

定性评价方法：定性评价方法主要是借助于对事物的经验、知识、观察及对事物发展变化规律的了解，对生产系统的工艺、设备、设施、环境、人员和管理等方面的状况进行定性分析。评价结果是一

些定性的指标，如是否达到了某项安全指标、事故类别和导致事故发生的因素等。目前应用较多的定性方法有安全检查表、预先危险性分析等。定性评价方法的特点是容易理解、便于掌握，评价过程简单。定性评价方法在国内外企业安全管理工作中被广泛使用，但是这类方法带有较高的主观和经验成分，具有一定的局限性，对系统危险性的描述缺乏深度。

半定量评价方法：半定量评价法包括风险矩阵法、LEC、MES 法等。这些方法大都建立在实际经验的基础上，合理打分，根据最后的分值或概率风险与严重度的乘积进行分级。由于其可操作性强，还能依据分值给出明确的级别，因而被广泛用于安全生产领域。

定量评价方法：定量评价方法是运用基于大量的实验结果和广泛的事故资料统计分析获得的指标或规律（数学模型），对生产系统的工艺、设备、设施、环境、人员和管理等方面的状况进行定量赋值，从而算出一个确定值的方法。若规则明确、算法合理，且无难以确定的因素，则此方法的精度较高且不同类型评价对象间有一定的可比性。如危险度评价法，道化学公司的火灾、爆炸危险指数评价法，帝国化学工业公司（ICI）的蒙德法，日本化工企业六阶段评价法，易燃易爆有毒重大危险源评价法等均属定量评价方法。

风险矩阵法、LEC 法、MES 法为目前常用的城市安全风险评价方法，下面将分别介绍。

3.4.1　风险矩阵法

风险矩阵法适用性较为广泛、操作简便，是风险评估的常用方法之一。其用法是，根据风险发生的可能性和后果严重度所处的水平，对照风险矩阵，确定该风险所在位置对应的风险等级。

图 3－2 是 5×5 风险矩阵示例。通过风险矩阵，将风险划分为红、橙、黄、蓝 4 个区域，分别对应着重大（极高）、较大（高）、一般（中）、低 4 个等级。

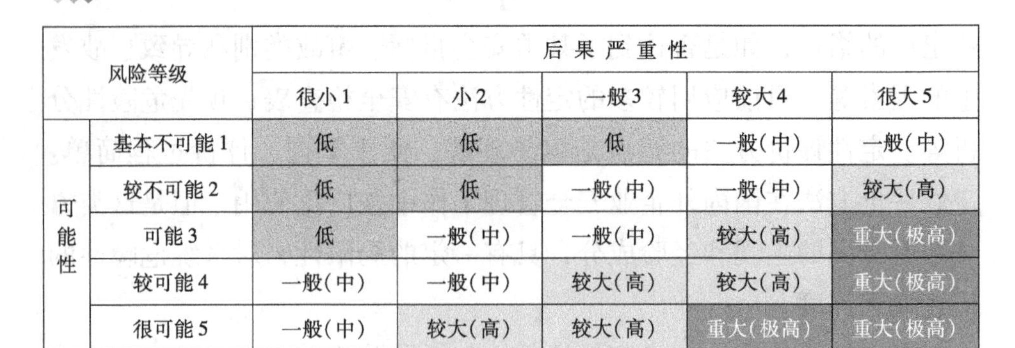

风险等级		后果严重性				
		很小1	小2	一般3	较大4	很大5
可能性	基本不可能1	低	低	低	一般(中)	一般(中)
	较不可能2	低	低	一般(中)	一般(中)	较大(高)
	可能3	低	一般(中)	一般(中)	较大(高)	重大(极高)
	较可能4	一般(中)	一般(中)	较大(高)	较大(高)	重大(极高)
	很可能5	一般(中)	较大(高)	较大(高)	重大(极高)	重大(极高)

图3－2　风险矩阵图

风险矩阵法具有如下优点：容易使用，不需要大量培训；决策者容易理解；是风险评估中的常用方法，有据可查；可以作为讨论风险问题的基础；适合对风险进行排序，确定优先使用的风险降低手段，同时可以了解是否需要进行深入分析等。但是，风险矩阵法在使用中也存在着一定的局限性，主要包括：没有使用任何的标准术语或者标准绘制方式，因此不同研究的结果很难比较；逐一查看风险，没有进行累计，而风险决策实际上应该依据一个行为的总体风险；只有辨识出的风险事件才能使用（风险矩阵本身并不能辨识任何其他的风险事件）。

3.4.2　LEC评价法

LEC评价法是对具有潜在危险性作业环境中的危险源进行半定量的安全评价方法。其公式为

$$D = L \times E \times C \qquad (3-1)$$

式中　D——风险分值；

L——发生事故的可能性大小；

E——人员暴露于危险环境中的频繁程度；

C——一旦发生事故会造成的损失后果。

L、E、C的分级标准见表3－4。

表 3－4　*L*、*E*、*C* 分级标准

分数值	事故发生的可能性 *L*	分数值	人员基于危险环境的频繁程度 *E*	分数值	事故严重度/万元	发生事故可能造成的后果 *C*
10	完全可以预料到	10	连续暴露	100	＞500	大灾难，许多人死亡，或造成重大财产损失
6	相当可能	6	每天工作时间暴露	40	100	灾难，数人死亡，或造成很大财产损失
3	可能，但不经常	3	每周一次，或偶然暴露	15	30	非常严重，1 人死亡，或造成一定的财产损失
1	可能性小，完全意外	2	每月一次暴露	7	20	严重，重伤，或较小的财产损失
0.5	很不可能，可以设想	1	每年几次暴露	3	10	重大，致残，或很小的财产损失
0.2	极不可能	0.5	非常罕见的暴露	1	1	引人注目，不利于基本的安全卫生要求
0.1	实际不可能					

LEC 法将危险程度分为极其危险、高度危险、显著危险、一般危险、稍有危险 5 个级别，分别对应着一级、二级、三级、四级、五级。具体等级划分标准见表 3－5。

表 3－5　LEC 法评价等级划分标准

风险源级别	*D* 值	危　险　程　度
一级	＞320	极其危险，不能继续作业
二级	160～320	高度危险，需要立即整改
三级	70～160	显著危险，需要整改
四级	20～70	一般危险，需要注意
五级	＜20	稍有危险，可以接受

3.4.3 MES 评价法

MES 评价法可以看作是对 LEC 评价法的改进。MES 评价方法将风险程度表示为

$$R = M \times E \times S \tag{3-2}$$

式中 R——风险程度；

M——控制措施的状态；

E——人员暴露于危险环境的频繁程度；

S——事故后果。

M、E、S 的分级标准见表 3－6。

表 3－6 M、E、S 分级标准

分数值	控制措施的状态 M	分数值	人员基于危险环境的频繁程度 E	分数值	事故后果 S			
					伤害	职业相关病症	设备财产损失	环境影响
5	无控制措施	10	连续暴露	10	有多人死亡		>1 亿元	有重大环境影响的不可控排放
3	有减轻后果的应急措施，包括警报系统	6	每天工作时间暴露	8	有 1 人死亡	职业病（多人）	1000 万～1 亿元	有中等环境影响的不可控排放
1	有预防措施，如机器防护装置等	3	每周一次，或偶然暴露	4	永久失能	职业病（1 人）	100 万～1000 万元	有较轻环境影响的不可控排放
		2	每月一次暴露	2	需医院治疗，缺工	职业性多发病	10 万～100 万元	有局部环境影响的可控排放
		1	每年几次暴露	1	轻微，仅需急救	身体不适	3 万元	无环境影响
		0.5	非常罕见的暴露					

按照有人身伤害、单纯财产损失两种类型，MES 法将风险程度分为一级、二级、三级、四级、五级，具体等级划分标准见表 3-7。

表 3-7 MES 法评价等级划分标准

分级	有人身伤害的事故 R	单纯财产损失事故 R
一级	>180	30~50
二级	90~150	20~24
三级	50~80	8~12
四级	20~48	4~6
五级	<18	<3

3.4.4 风险叠加评价法

风险叠加评价法是当区域内的风险源不止一个时，考虑多个风险源个体风险叠加的方法。计算某人在某地发生事故的概率（包括一个容器失效或者多个容器同时失效）可以用相关经验公式计算，将计算结果再用概率论的方法进行计算，就可以得到某地发生容器失效事故导致个体死亡的综合概率。

当某一地点处于两个以上容器的共同失效影响范围时，依据特定的失效模式可以计算出该地点受失效后果的影响情况。

用火灾事故来说明，O 点人员可能会受到设备 A 和设备 B 失效的影响，其中，设备 A 的失效概率为 f_A，由热辐射造成人员死亡的概率为 V_h；设备 B 的失效概率为 f_B，由冲击波爆炸造成人员死亡的概率为 V_p。

那么地点 O 处的风险值（IR）可以用下式计算：

$$IR = f_A V_h + f_B V_p \tag{3-3}$$

则任何一个固定地点受到多种设备失效影响的风险就可以用下式计算：

$$IR = \sum_{i=1}^{n} f_i V_i \tag{3-4}$$

式中 n——区域内的设备数量；

V_i——第 i 个设备发生死亡事故的概率；

f_i——某个设备发生事故的概率。

3.5 风险管控

风险管控是依据风险评价结果以及存在的问题和薄弱环节的分析，确定风险应对策略，提出并实施有针对性的措施，以达到降低风险等级、做好预防和应急准备工作的目的。

3.5.1 风险可接受原则

对于风险评价的结果，人们往往认为风险越小越好。实际上，这是一个错误的概念。因为减少风险是要付出代价的，无论是减小发生概率还是采取防范措施使其后果损失降到最小，都要投入相应的人力、物力和财力。通常的做法是将风险限定在一个合理的、可接受的水平上，根据影响风险的因素，经过优化，寻求最佳的工作方案。

目前国际上主要的风险可接受原则有最低合理可接受原则ALARP、最低合理可实现原则ALARA、风险总体一致原则GAMAB、最小内源性死亡率原则MEM、安全水准等效原则MGS、可忍受上限原则NMAU、土地利用规划原则LUP等，具体见表3-8。

表3-8 风险可接受原则

原则	概念
最低合理可接受原则ALARP（As Low As Reasonably Practicable）	采用最低的成本将风险降低至合理可接受的范围
最低合理可实现原则ALARA（As Low As Reasonably Achievable）	采取所有合理可实现的方法使有毒物质辐射剂量和化学释放量最小化
风险总体一致原则GAMAB（Globalement Au Moins Aussi Bon）	新系统的风险应当至少在总体上与现有系统保持相同

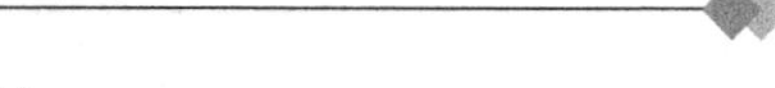

表 3－8（续）

原　　则	概　　念
最小内源性死亡率原则 MEM（Minimum Endogenous Mortality）	新系统不应该增加任何年龄段个体由于技术系统导致的死亡率
安全水准等效原则 MGS（Mindestens Gleiche Sicherheit）	允许对现有技术规则的实施过程存在偏差，但需要至少等效于上述规则的安全水准，并且需要通过具体的安全案例加以证明
可忍受上限原则 NMAU（Nicht Mehr Als Unvermeidbar）	在日常设施和装置的操作过程中，任何人的风险不能超过可忍受的上限
土地利用规划原则 LUP（Land Use Planning）	在实施规划时应当使危险设施不强加任何风险于周围的人和环境

1. ALARP 原则

谈及风险评估与控制，一般都会提到“ALARP”的风险控制原则，即“最低合理可接受原则（As Low As Reasonably Practicable）”，又称“二拉平”原则。

按照风险的高低划分为三个区域：可忽略的风险区、ALARP 风险区、不可接受风险区。如图 3－3 所示。

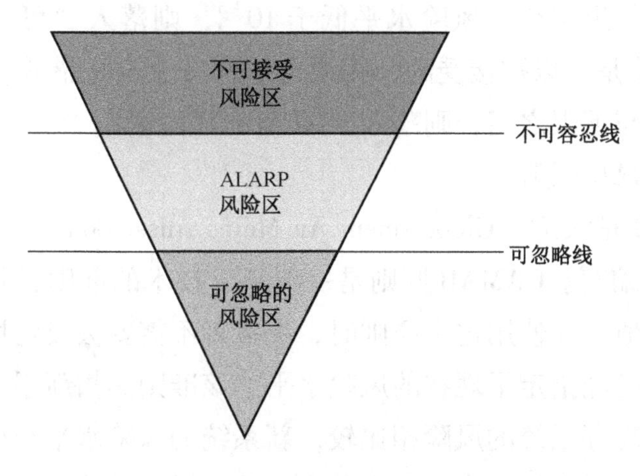

图 3－3　ALARP 原则示意图

（1）如果所评估出的风险指标落在了不可容忍线之上，则落入“不可接受风险区”。此时，除特殊情况外，该风险是无论如何不能被接受的。

（2）如果所评估出的风险指标落在了可忽略线之下，则落入了“可忽略的风险区”。此时，由于风险程度低，是可以被接受的，无须再采取安全改进措施。

（3）如果所评估出的风险指标在可忽略线和不可容忍线之间，则落入“ALAPR 风险区”，此时的风险水平符合“ALARP 原则”，要将风险控制在合理、实际且尽可能低的水平。

通过风险管控措施把风险降到何种程度才能被接受，需要有相关的标准来衡量，在风险评估中这个标准称之为评估准则或判别准则。一般地，国家法律、法规，政府部门规章，行业、企业标准，设计规范、规定或管理要求以及合同约定等，都可以作为安全风险评估工作的判别准则。至于究竟选取其中的哪一项，原则应是就高不就低。

有些专家曾对个人的死亡风险做过调查，根据数据统计，一般将个人风险上限设置为 10^{-3}，下限设置为 10^{-6}，即年个人风险水平超过 10^{-3}，则落入“不可接受风险区”，除特殊情况外，该风险是不能被接受的；如果年个人风险水平低于 10^{-6}，则落入“可忽略的风险区”，该风险是可以被接受的，无须再采取安全改进措施；如果风险水平在上限与下限之间，则落入“ALARP 风险区”。

2. GAMAB 原则

GAMAB 是法语“Globalement Au Moins Aussi Bon”（整体上至少是好的）的缩写。GAMAB 原则是一项基于技术的准则，其将现有技术作为参考值。在使用这一原则时，决策者不需要去设定风险接受准则，因为其已经给定了现在的风险水平。该准则是指新系统的风险与已经接受的现存系统的风险相比较，新系统的风险水平至少要与现存系统的风险水平大体相当，因此其也被称作风险总体一致原则。法国

在交通系统决策中使用 GAMAB 原则，新系统需要提供在整体上与现有系统等效的一致风险水平。

3. MEM 原则

德国准则 MEM（Minimum Endogenous Mortality，最小内源性死亡率原则），将自然原因死亡概率作为风险接受参考水平。该准则要求任何新的或者改造的技术系统都不能引起任何个体风险的显著升高。与 ALARP 和 GAMAB 不同，MEM 是一个从最低内源性死亡率推导得到的通用定量风险接受准则。内源性死亡率是指由于自身原因（如疾病）引起的死亡。与之相反，外源性死亡则是由于外部事故的影响引起的死亡。内源性死亡率是特定人群在特定时间由于内在原因引起的死亡率。在西方国家，5～15 岁年龄儿童的内源性死亡率是最低的，平均的死亡率为每人每年 2×10^{-4}。MEM 准则将这个概率作为基准参考值，要求任何技术系统都不可以显著提升风险水平。

3.5.2　风险综合排序

在风险管理实践中，对所管理的风险进行排序是一件十分重要的内容。Borda 风险排序方法可将处于同一风险等级中的不同风险进行重要性的划分。Borda 风险排序方法不仅关注可能性 P 的最优，还要关注后果严重性 C 的优先顺序，得到一个考虑该风险 P、C 的综合排序方法。

1. Borda 理论

Jean－Charles，Chevalier de Borda 是法国数学家和航海家，他在 18 世纪 70 年代发表的关于选举的论文中，提出了一种新的投票选举记分的方法，否定了简单多数的投票选举制度，并被以后的许多投票选举所使用。Borda 投票理论的计算公式为

$$S_j = \sum_{k=1}^{N} B_k N_{jk} \tag{3-5}$$

式中　S_j——对第 j 个投票对象的记分分数；

N——投票选举对象的总数；

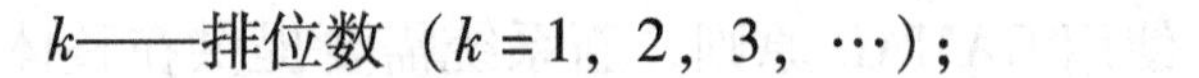

k——排位数（$k=1$，2，3，…）；

B_k——规定排在第 k 位的分数；

N_{jk}——选举第 j 个投票对象排在第 k 位的人数。

举例说明：有 42 个人进行投票选举，要从 A、B、C 三个对象中选择出一个对象。投票结果是，有 16 个投票人选 A，14 个投票人选 B，12 个投票人选 C。

在简单多数表决制度下，由于对象 A 有最多的投票数 16，故投票选举结果是 A 入选。

用 Borda 投票方法进行分析时，对 A、B、C 三个对象，有六种可能的排列顺序，如投票结果为：①选择 A－B－C 的有 2 人；②选择 A－C－B 的有 14 人；③选择 B－A－C 的有 2 人；④选择 B－C－A 的有 12 人；⑤选择 C－A－B 的有 2 人；⑥选择 C－B－A 的有 10 人，见表 3－9。有三个投票对象，则 $N=3$；排在第一位得 3 分（$B_1=3$），第二位得 2 分（$B_2=2$），第三位得 1 分（$B_3=1$）。代入 Borda 计算公式，得出不同对象的投票结果。

表 3－9 Borda 投票计算结果

对象	A			B			C		
排序	1	2	3	1	2	3	1	2	3
得分	3	2	1	3	2	1	3	2	1
投票人	16	4	22	14	12	16	12	26	4
S_A	78			82			92		

通过以上计算，对象 C 的得分最高（92 分），故投票选举结果为 C 胜出，这与以上举例的简单多数投票结果不同。

Borda 计算方法是一个比较普遍的公式，可以用于任何投票、选

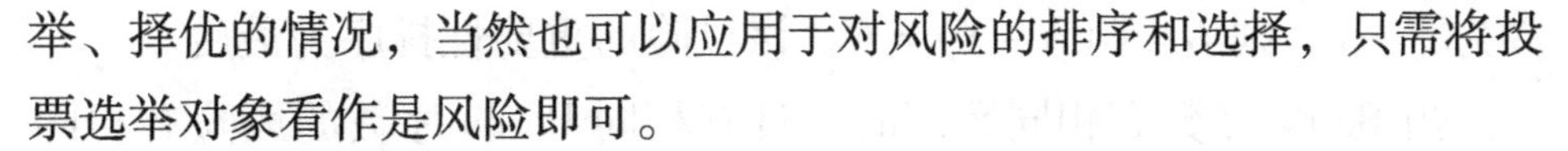

举、择优的情况，当然也可以应用于对风险的排序和选择，只需将投票选举对象看作是风险即可。

2. Borda 风险排序

1）Borda 数

在 Borda 风险排序法中，首先需要对每一个风险定义一个 Borda 数，并依据下式计算 Borda 数的具体数值：

$$b_i = \sum_{k=1}(N - n_{ik}) \tag{3-6}$$

式中　b_i——第 i 个风险的 Borda 数；

N——风险总数，即需要进行风险排序的风险个数；

i——在风险总数中的第 i 个风险（$1 \leqslant i \leqslant N$）；

k——在风险排序中所使用的风险准则的个数，一般 k 只有两个取值，$k=1$ 为风险发生可能性准则（P 准则），$k=2$ 为风险后果准则（C 准则）；

n_{ik}——在某一风险准则下，在总数为 N 的风险中，较风险 i 更为严重的风险个数。

2）Borda 序数

Borda 数计算出来之后，需得到风险的 Borda 序数。Borda 序数 B_i 定义为：在总风险个数 N 中，对某一风险 i，比该风险的 Borda 数 b_i 更大的风险序数。

3）风险排序

以 Borda 序数的升序 $[0,1,2,\cdots,(N-1)]$ 来定义风险的重要性排序。用字母 G 来代表，$G=G(B_i)$。G 表示在 N 个风险中某一风险的重要性排序，$G=1$，2，…分别表示风险的重要性排序是第 1 位、第 2 位，……

在 N 个风险中，某一风险 Borda 序数为 0，则 $G=G(0)=1$，该风险排在重要性的第一位；某一风险的 Borda 序数为 1，则 $G=G(1)=2$，该风险排在重要性的第二位；以此类推。当某一风险的 Borda 序

数为 $N-1$，则 $G=G(N-1)=N$，该风险的重要性排序为最后。

当 Borda 序数有相同数字时，具有相同 Borda 序数的风险有相同的风险排序。

3. 风险排序实例

以动火作业、受限空间、电气设备、储罐、锅炉、可燃物 6 个风险进行举例说明，依据风险矩阵方法得出这 6 个风险的评估结果，见表 3－10。

表 3－10　6 个风险的评估结果

序号	风险	可能性	后果	风险等级
1	动火作业	较可能（4）	大（4）	较大
2	受限空间	可能（3）	小（2）	一般
3	电气设备	很可能（5）	很小（1）	一般
4	储罐	基本不可能（1）	很大（5）	一般
5	锅炉	可能（3）	一般（3）	一般
6	可燃物	可能（3）	很小（1）	低

第一步：进行 Borda 数的计算。

第 1 个风险（动火作业）的 Borda 数：

n_{11} 的计算：第 1 个风险发生可能性的分值是 4，比其发生可能性更大的风险个数为 1（仅有电气设备的可能性分值是 5），故 $n_{11}=1$。

n_{12} 的计算：第 1 个风险发生后果的分值是 4，比其发生后果更严重的风险个数为 1（仅有储罐的后果分值是 5），故 $n_{12}=1$。

同理，可计算出 $n_{21}=2$；$n_{22}=3$；$n_{31}=0$；$n_{32}=4$；$n_{41}=5$；$n_{42}=0$；$n_{51}=2$；$n_{52}=2$；$n_{61}=2$；$n_{62}=4$。

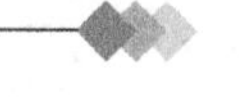

将以上得到的数值代入式（3－6）中，就可以计算出不同风险的Borda数：

$$b_1=(N-n_{11})+(N-n_{12})=6-1+6-1=10$$

$$b_2=(N-n_{21})+(N-n_{22})=6-2+6-3=7$$

$$b_3=(N-n_{31})+(N-n_{32})=6-0+6-4=8$$

$$b_4=(N-n_{41})+(N-n_{42})=6-5+6-0=7$$

$$b_5=(N-n_{51})+(N-n_{52})=6-2+6-2=8$$

$$b_6=(N-n_{61})+(N-n_{62})=6-2+6-4=6$$

第二步：计算Borda序数。

第1个风险（动火作业）的Borda数是10，比该Borda数更大的风险的个数是0，故第1个风险的Borda序数$B_1=0$。

第2个风险（受限空间）的Borda数是7，比该Borda数更大的风险的个数是3，故第2个风险的Borda序数$B_2=3$。依次类推，计算出$B_3=1$；$B_4=3$；$B_5=1$；$B_6=5$。

第三步：计算风险排序。

第1个风险（动火作业）的Borda序数是0，则该风险的排位序号为$G=G(0)=1$，即在6个风险中，这一风险的重要性排序为第1位。

第3个风险（电气设备）和第5个风险（锅炉）的Borda序数都是1，在它们之前的风险没有相同的Borda序数，则这两个风险的排位序号$G=G(1)=2$。

第2个风险（受限空间）和第4个风险（储罐）的Borda序数都是3，由于其前有两个风险的Borda序数相同（都是1），而这两个风险具有相同的排位序号，故第2个和第4个风险的排位序号$G=G(3)=3$，即这两个风险的排位序号均是第3位。依此类推，得到其他风险的排位序号，见表3－11。

表 3－11　6 个风险的重要性排序

风险	动火作业	受限空间	电气设备	储罐	锅炉	可燃物
风险序号	1	2	3	4	5	6
Borda 数	10	7	8	7	8	6
Borda 序数	0	3	1	3	1	5
风险排序	1	3	2	3	2	4

按照风险矩阵方法，动火作业的风险等级为较大风险，受限空间、电气设备、储罐和锅炉的风险等级均为一般风险，可燃物的风险等级为低风险。如果仅通过风险等级来建立风险重要性的划分，则动火作业的风险重要性最高，受限空间、电气设备、储罐、锅炉这 4 个风险具有相同的重要性，重要性居中；可燃物的风险重要性最低。

通过 Borda 风险排序方法，重新计算出这 6 个风险的排序。动火作业的风险仍排在第 1 位，可燃物的风险也排在最末位。而同处在一般风险区域的受限空间、电气设备、储罐、锅炉这 4 个风险的重要性就不同了，电气设备和锅炉的重要性为 2，受限空间和储罐的重要性为 3。因此，使用 Borda 风险排序方法可以将处于同一风险等级中的不同风险进行重要性的划分。

3.5.3　风险管控措施

管控风险包括两个方向：一是从事故后果出发，由果溯因，寻找可能引发危害事件的风险源，降低风险源转变为事故的可能性或减少可能造成的损失；二是从事故系统的“4M”要素出发，即从人因（men）、物因（machine）、环境因素（medium）、管理因素（management）等方面出发，由因溯果，通过减少和排除人的不安全行为、物的不安全状态、环境的不安全条件、管理上的缺陷，切断这些不安全因素酝酿和形成事故的链条，以防事故的发生。

企业应根据风险评估结果制定风险控制措施。在选择风险控制措施时，应当考虑各种环境信息，包括内部和外部利益相关者的风险承受度，以及法律、法规和其他方面的要求等。制定这些控制措施的目的，就是消除风险、降低风险。在制定措施的时候，往往是多种措施并举。

风险控制通常采用消除（规避）风险、转移风险、降低风险、接受（容忍）风险四种策略，主要措施包括（但不限于）以下三类：

（1）工程技术措施。工程技术措施是指通过技术措施实现对固有风险的控制。可采用安全可靠性高的生产工艺、安全技术、安全设施、安全检测等工程技术方法提高生产过程的本质安全化。主要从本质安全、控制风险、防护风险、隔离风险四个角度考虑。本质安全可采取消除或替代措施，如由于某活动风险高而放弃，或者采用无害工艺、无害/低毒物质来替代；控制风险，比如传送设备设置缓冲器、限速装置等；防护风险，比如设备自动断电、设备连锁防护等；隔离风险，比如通过隔离带、栅栏、警戒绳等把人与危险区域隔开。

（2）管理措施。管理措施是指采用各种管理对策，协调人、机、环境的关系，提高生产系统整体安全性的各种措施，包括为降低或控制风险，制定与完善相关的管理制度，选择放弃某些可能导致风险的活动和行为从而规避风险的决策，接受相关培训以了解危害情况，以及佩戴个体防护用品等安全防护措施。

（3）应急措施。应急措施是指针对难以消除、控制或防不胜防的风险而采取特殊的风险控制措施，包括应急预案、队伍、物资、资金、技术和演练等应对准备工作。

在安全风险控制措施实施前，企业应组织相关专家对安全风险管控措施的有效性、合理性、充分性和可操作性，以及是否会引发新的安全风险等进行评审，并根据评审结果进行完善。另外，生产过程中涉及的风险等级有高有低，若是所有存在的风险均由企业最高层级管理，管控不合理也不现实。若是全部风险均由班组自行管理，那么发生频繁、严重度高的风险又不可能降低至可接受的风险水平。因此，根据风险辨识、评价后制定的风险等级的高低应与企业的组织结构各层级进行匹配，将各风险逐一落实到公司、厂区、部门和班组4个层级，如图3－4所示。

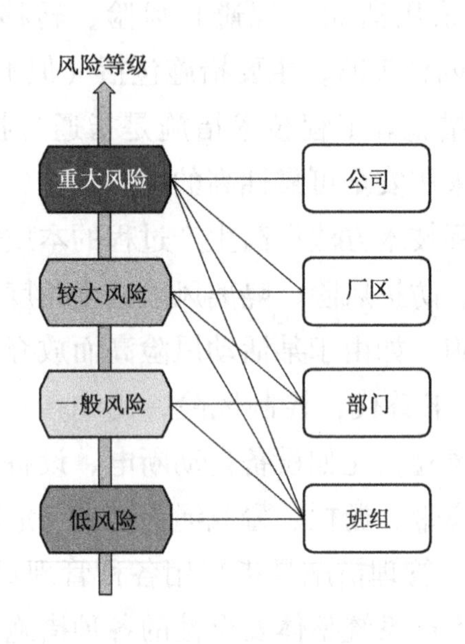

图3－4　企业安全风险管控层级体系

高等级风险对应高层级的管理层，中等级风险对应中层级的管理层，以此类推。不同层级关注、制定不同的控制措施；较高层级关注的风险等级，较低层级同时关注。一般而言，公司层级关注重大风险，厂区层级关注较大风险，部门层级关注一般风险，班组风险关注低风险。

3.6　风险监测、风险更新与风险沟通

风险管理是一个动态持续的过程，要及时跟踪、监测风险变化，对评估结果进行动态更新，并建立面向社会、多方参与的风险沟通

机制。

3.6.1 风险监测

风险监测是对风险要素的发展、变化情况等数据与信息进行持续跟踪、监控并进行综合测度的过程。

风险监测应坚持客观、真实、完整、及时，密切关注风险的动态变化、控制成效、剩余问题等；充分借助信息化、大数据、人工智能与传感技术，对要素信息的全周期、全过程采集。要在进一步强化风险专项监测的基础上，坚持依靠群众，充分动员全社会，建立风险综合监测网络和社会监测网络。

3.6.2 风险更新

风险更新的实质是跟踪、监控、审查和调整，以及再监测、再跟踪、再调整、再评估、再控制的动态循环过程。在风险监测结果的基础上，要重新评估并确定风险等级，调整风险控制策略。

企业应定期开展安全风险更新，重点评估新增的、等级升高的和综合叠加、关联耦合的安全风险。当出现以下情况时，应及时开展安全风险的动态更新工作：

（1）生产工艺流程和关键设备设施发生变更。

（2）安全风险自身发生变更。

（3）周边环境发生变更。

（4）同类型安全风险或相关行业发生事故灾难。

（5）国家、地方和行业相关法律、法规、标准和规范发生变更。

（6）其他应开展动态更新的情况。

3.6.3 风险沟通

风险沟通是风险管理过程中每个阶段均需要考虑的重要内容。在风险管理的最初阶段需建立风险沟通计划。在风险管理的整个过程中，要适时与内部和外部的风险责任主体进行信息交流和沟通，制定风险内部与外部的沟通计划。要建立面向社会、多方参与的风险沟通机制。

1. 管理决策层沟通

在跨区域、跨领域综合风险以及区域重大风险联防联控应对的不同阶段，根据实际形势需要开展定期或不定期决策层的风险沟通。沟通方式主要包括重大风险管控联防联控机制、综合会商研判等。

2. 部门内部和部门间沟通

根据风险沟通计划，在风险管理的各阶段定期或不定期开展部门内部和部门间的风险沟通，沟通方式包括召开会议、编制简报、电话、通知等。要做好风险沟通记录。

3. 媒体和公众沟通

媒体和公众沟通的方式包括现场新闻发布会、新闻通气会、发布新闻稿、政府网站、城市公共安全风险白皮书、风险告知栏、风险地图、电话咨询热线、微信公众号、手机短信等。

4. 风险告知

建立健全安全风险告知制度，在醒目位置和重点区域分别设置重大风险公告栏，制作岗位安全风险告知卡，标明主要安全风险、可能引发事故的风险类别、事故后果、控制措施、应急措施及报告方式等内容。

5. 风险提示

以安全风险评估成果为基础，结合安全风险发展形势和阶段性特点，进行综合研判分析，不定期向社会发布安全风险提示，包括风险基本现状、风险管控要点等。

4 企业点位安全风险评估

企业点位安全风险评估是城市安全风险评估的基础工作，它是针对企业内单个设备设施、工艺装置、场所环境、岗位、作业活动的风险源进行辨识、评估及实施分级管控的过程，表现为单个风险源的安全风险一张图。

4.1 风险源辨识

4.1.1 风险源辨识建议清单

风险辨识是识别风险源的存在并确定其特性的过程，它是风险评估管控的基础。风险辨识一方面可以通过分析和历史经验来判断，另一方面也可以通过各种客观资料和风险事故的记录来分析、归纳和整理。对于比较复杂的场所或系统，风险辨识工作更加困难，其不仅需要利用专门的方法，还需要专业知识和经验。由于部分企业缺乏专业的安全管理人员，在风险辨识工作中存在一定困难。

为了规范风险辨识的结果，在一定程度上提示参与风险评估单位的人员开展风险辨识需要识别的程度，部分城市在开展风险评估工作中提出了“安全风险源辨识建议清单”。对没有风险辨识经验的人员，“安全风险源辨识建议清单”可以有效地提示其单位可能存在的风险源是什么；对于有风险管理经验的人员，“安全风险源辨识建议清单”可以让他们更容易了解风险评估工作需要深入的层面，起到以点带面的作用，更好地开展风险评估工作。

某城市在开展风险评估的实践中，由相关行业部门组织，对涉及危险化学品、规模以上工业企业、石油、天然气长输管线、交通行业企业、城镇燃气企业、城市运行相关单位、人员密集场所及其他重要行业、设施、作业编制了安全风险源辨识建议清单，各行业对应的安全风险源辨识建议清单见表4－1。

表4－1　安全风险源辨识建议清单列表

序号	行业部门	建议清单
1	住房和城乡建设部门	房屋建筑和市政基础设施工程安全风险源辨识建议清单
2	城市管理部门	电网企业安全风险源辨识建议清单
3		发电企业安全风险源辨识建议清单
4		管道天然气企业安全风险源辨识建议清单
5		压缩天然气加气站安全风险源辨识建议清单
6		压缩天然气瓶组供气站/储配站安全风险源辨识建议清单
7		液化天然气中转站安全风险源辨识建议清单
8		液化天然气气化站/瓶组站安全风险源辨识建议清单
9		液化天然气灌装站安全风险源辨识建议清单
10		液化石油气储配站安全风险源辨识建议清单
11		液化石油气灌装站安全风险源辨识建议清单
12		液化石油气瓶装供应站安全风险源辨识建议清单
13		液化石油气管道安全风险源辨识建议清单
14		CNG 加气母站安全风险源辨识建议清单
15		CNG 常规加气站安全风险源辨识建议清单
16		CNG 加气子站安全风险源辨识建议清单
17		LNG 加气站安全风险源辨识建议清单
18		橇装 LNG 加气站安全风险源辨识建议清单
19		供热企业安全风险源辨识建议清单
20		填埋场安全风险源辨识建议清单

表4-1（续）

序号	行业部门	建议清单
21	城市管理部门	转运站安全风险源辨识建议清单
22		焚烧厂安全风险源辨识建议清单
23		堆肥厂安全风险源辨识建议清单
24		粪便消纳站安全风险源辨识建议清单
25		渣土消纳场安全风险源辨识建议清单
26		户外广告设施安全风险源辨识建议清单
27	水务部门	水务通用基础类安全风险源辨识建议清单
28		水利水电工程施工安全风险源辨识建议清单
29		水利水电工程运行安全风险源辨识建议清单
30		供水运行安全风险源辨识建议清单
31		排水和污水处理运行安全风险源辨识建议清单
32		南水北调工程运行安全风险源辨识建议清单
33	交通部门	高速公路运营企业安全风险源辨识建议清单
34		省际客运企业安全风险源辨识建议清单
35		旅游客运企业安全风险源辨识建议清单
36		公交运营企业安全风险源辨识建议清单
37		轨道交通运营企业安全风险源辨识建议清单
38		出租车运营企业安全风险源辨识建议清单
39		危险货物运输企业安全风险源辨识建议清单
40		普通货物运输企业安全风险源辨识建议清单
41		汽车租赁企业安全风险源辨识建议清单
42		机动车维修企业安全风险源辨识建议清单
43		交通基础设施安全风险源辨识建议清单
44		水域游船企业安全风险源辨识建议清单
45	商务部门	商业零售企业安全风险源辨识建议清单
46		餐饮企业安全风险源辨识建议清单
47		便利店安全风险源辨识建议清单

表4－1（续）

序号	行业部门	建议清单
48	商务部门	家政企业安全风险源辨识建议清单
49		美容美发企业安全风险源辨识建议清单
50		洗染企业安全风险源辨识建议清单
51	文化和旅游部门	文化娱乐场所安全风险源辨识建议清单
52		星级饭店安全风险源辨识建议清单
53		A级景区安全风险源辨识建议清单
54		社会旅馆安全风险源辨识建议清单
55	应急管理部门	危险化学品生产企业安全风险源辨识建议清单
56		加油站安全风险源辨识建议清单
57		油库安全风险源辨识建议清单
58		危险化学品经营企业（带储存）安全风险源辨识建议清单
59		瓶装工业气经营企业安全风险源辨识建议清单
60		化工企业安全风险源辨识建议清单
61		医药企业安全风险源辨识建议清单
62		烟花爆竹经营企业安全风险源辨识建议清单
63		机械行业企业安全风险源辨识建议清单
64		冶金行业企业安全风险源辨识建议清单
65		轻工行业企业安全风险源辨识建议清单
66		纺织行业企业安全风险源辨识建议清单
67		建材行业企业安全风险源辨识建议清单
68		烟草行业企业安全风险源辨识建议清单
69		有色行业企业安全风险源辨识建议清单
70		金属非金属地下矿山安全风险源辨识建议清单
71		金属非金属露天矿山安全风险源辨识建议清单
72		尾矿库安全风险源辨识建议清单
73	体育部门	体育运动场馆安全风险源辨识建议清单
74		高危险性体育项目运动场所安全风险源辨识建议清单

表4－1（续）

序号	行业部门	建议清单
75	园林绿化部门	公园安全风险源辨识建议清单
76		风景名胜区安全风险源辨识建议清单
77		园林绿化工程安全风险源辨识建议清单

4.1.2　清单编制流程

风险清单编制的过程实际上就是系统安全分析的过程，包括组成编制组、分析评价对象、查找风险因素、查找标准或规范、编制风险清单、专家会审等，具体如图4－1所示。

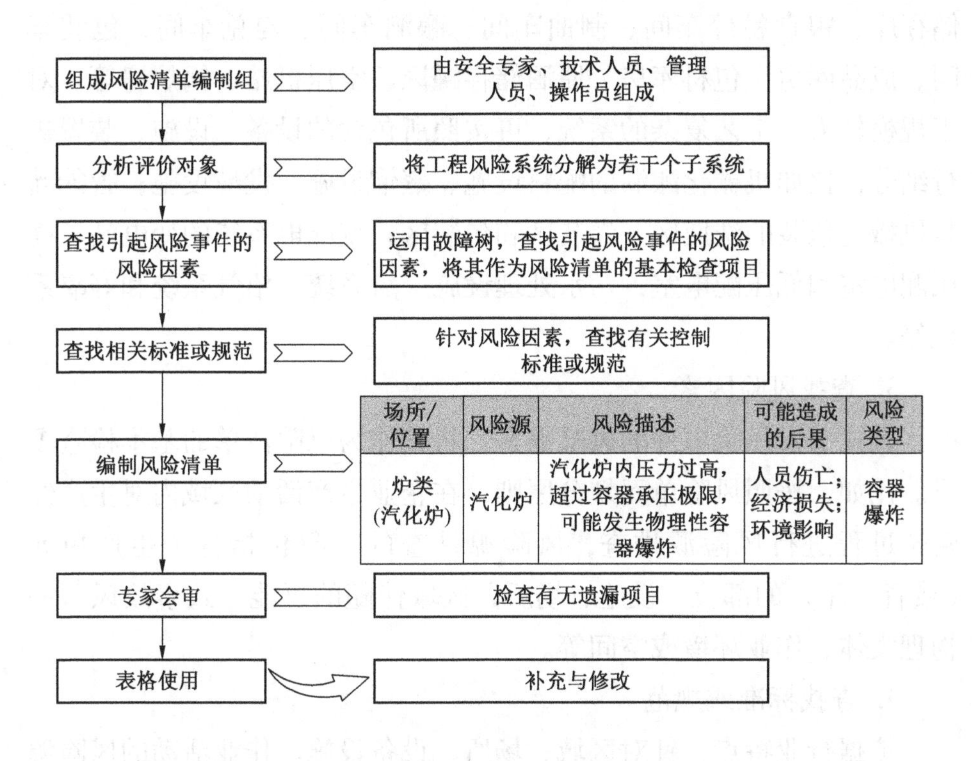

图4－1　安全风险源辨识建议清单编制流程

1. 组成风险清单编制组

企业应根据行业领域和专业特色，组织行业领域的相关安全专家、技术人员、管理人员、操作人员组成风险清单编制组。编制组根据系统的特点，在对系统进行分析的基础上，找出所有可能存在的风险源，然后以提问的方式将这些风险因素列在表格中，编制形成安全风险源辨识建议清单。

2. 分析评价对象

结合本行业企业的规模、机械化程度及工艺设备的不同，将系统分解为若干个子系统，比如，白酒制造企业单元可按照原料、产品储存区域、生产车间或装置、公辅设施等功能分区进行划分，分为原料储存库、粮食粉碎车间、制曲车间、酿酒车间、勾兑车间、包装车间、成品库房、包材库房、原酒储存罐区、空压机站、锅炉房等。对于规模较大、工艺复杂的系统，可按照所包含的设备、设施、装置进行细分，比如机械化酿酒的配料设施、蒸馏设施、发酵设施；智能灌装机械化包装的洗瓶区、灌装区和包装区；变配电系统的变电站、高压配电室和低压配电室；污水处理设施厌氧系统、沼气系统和好氧系统等。

3. 查找风险因素

查找引发风险事件的风险因素，将其作为风险清单的基本检查项目。比如，按照风险单元划分原则，在企业生产活动区域内对生产经营全过程进行风险源排查，风险源排查的对象包括各个生产单元（或者工序）的部位、设施、场所、区域伴随的可能导致事故风险的物理实体、作业环境或空间等。

4. 查找标准或规范

依据行业特点，针对区域、场所、设备设施、作业活动的风险源进行风险因素辨识。辨识时应充分考虑人的因素、物的因素、环境因素、管理因素，分析可能引发事故的情况。比如，结合行业作业活动，对每一项作业活动进行细分，识别出作业活动的具体作业步骤或内容；再逐条对作业活动的具体步骤，辨识出不符合标准的情况及可能造成的事故风险类型和后果。以纺织企业的磅料作业为例，磅料作业具体作业步骤或内容有5项：①检查磅秤，机械臂移动空间是否有杂物格挡；②检查热水管道、化料缸是否有渗漏；③输入处方进行称料，称量完毕后机械臂放入货架备用，待染色工序备妥后开启自动化料程序；④当班工作结束后整理现场，将磅秤、机械臂归于原始位置；⑤交接班。因此，磅料作业中的风险事件包括：移动区域内有人员误入；热水管道或化料缸渗漏；可燃物着火；地面湿滑，清洁不到位。可能造成的事故风险类型和后果为灼烫、火灾、爆炸等。

5. 编制风险清单

根据风险辨识的结果，确定包括风险源名称、类型、区域位置、可能发生的事故风险类型及后果等内容的基本信息，对风险进行定性、定量评价，明确事故（事件）发生的可能性、后果严重性、风险级别等，编制风险清单。对初步形成的风险清单再次进行评审、补充、修订。

风险清单的分析弹性很大，既可用于简单的快速分析，也可用于更深层次的分析，它是识别已知常规危险的有效方法。风险清单分析法既可以用来判断风险是否存在，也可以在发生事故后帮助查找事故的原因。

风险清单可以帮助企业系统地识别出最基本的风险，并降低忽略重要风险源的可能性。其优点包括：非专家人士可以使用；如果编制精良，它可将各种专业知识纳入便于使用的系统中；有助于确保常见问题不会遗忘。但是，风险清单有两个严重的局限性：一是特殊企业面临的特殊风险可能没有包含进去；二是这些清单都是在传统风险管理阶段设计出来的，传统风险管理只考虑纯粹风险，不考虑风险的动态变化。所以，企业在使用风险建议清单时，要认识到这些局限性，对清单上的每一项都要回答，企业内部是否存在这样的风险。在回答这些问题的过程中，管理者逐渐构建出本企业的风险框架，并使用一些辅助手段来配合风险清单的使用，弥补风险清单的不足，结合自身情况进行补充完善风险分析内容，形成本企业安全风险辨识清单。

4.1.3 清单内容示例

风险源辨识是风险管控的基础，因此，各行业的安全风险源辨识建议清单，应是结合本行业企业的规模、机械化程度及工艺设备的不同，对企业内设施、部位、场所、区域以及相关操作和作业活动进行全方位辨识，并与有关的标准、规范、规程或专家经验相对照，确定风险源存在的部位、类型以及可能造成的后果编制而成。

对风险单元的划分，遵循“大小适中、便于分类、功能独立、易于管理、范围清晰”的原则，将风险源分为设施、部位、场所、区域等相对静态的固有风险源，以及设备设施操作及作业活动过程带来的动态风险源。

以纺织企业为例，对于设施、部位、场所、区域等相对静态的固有风险源，可按照生产车间设备设施、区域或场所、公辅设施等功能分区进行划分。比如，设备设施可细分为细纱机、络筒机、烧毛机、裁床、平缝机、卷绕机、自动给水设备等；区域或场所可细分为厂房、仓库、配电室等；公辅设施可细分为锅炉、天然气管道等。

对于设备设施操作及作业活动过程带来的动态风险源，应涵盖生产经营全过程所有常规和非常规状态的作业活动，将风险等级高、可能导致严重后果的作业活动列为风险源。比如，毛纺织及染整精加工可细分为磅料作业、细纱作业、整经作业、织布作业、烧毛作业等；机织服装织造可细分为裁床作业、粘合作业、烫台作业、压板机作业等；化纤织造及印染精加工可细分为原料 PTG 作业、预聚合作业、卷绕作业等。

以服装企业为例，服装企业一般包括验布间、裁剪车间、缝纫车间、整烫车间、检验车间、包装车间、仓库、机房等场所、区域，如图4－2所示。其中，验布车间的作业主要是验布作业，设备设施主要是验布机；裁剪车间的作业包含裁床作业、带刀作业、粘合作业、裁布作业等，设备设施包含自动裁床、单量裁床、粘合机、带刀机等；缝纫车间的作业包含通用缝纫作业、高速缝纫作业、专用缝纫作业等，设备设施包含手推刀、订扣机、订马王带机、套结机、平缝机、三角针机、双针机等；整烫车间的作业包含烫台作业、压板作业等，设备设施包含平烫台、压板机等；检验车间的作业主要是检验作

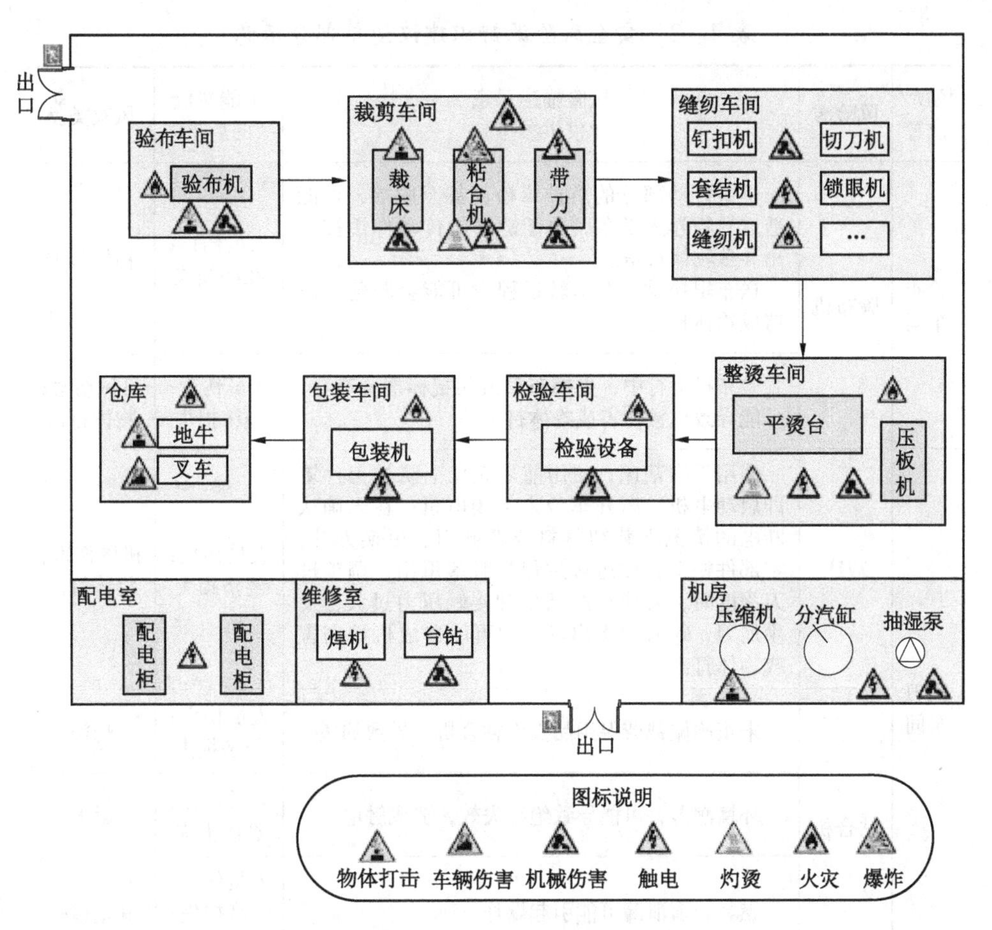

图4－2　服装企业安全风险源示意图

业，设备设施主要是检验设备；包装车间的作业主要是包装作业，设备设施主要是包装机；仓库的作业主要是搬运作业，设备设施包含地牛、叉车等；机房的作业主要是空压作业、吸风作业，设备设施包含空气压缩机、分气缸、抽湿泵等。

风险辨识最终需要在辨识清单上完成风险名称、风险源场所/位置、风险事件可能造成的后果及导致的事故风险类型，进而评估风险事件发生的可能性及后果严重性等内容，再进一步开展风险评估工作。安全风险源辨识建议清单的内容见表4－2。

表4－2　安全风险源辨识建议清单部分示意

场所/位置	风险源	风险描述示意（仅供参考）	可能造成的后果	风险类型
验布车间	验布机	链条传动部分的防护罩松动甚至脱落，可能造成异物卷入链条，由于链条的传动作用被甩出导致物体打击。 送布辊松动，在运转过程中可能会脱落甩出造成物体打击	人员伤亡；经济损失	物体打击
		验布机运行中，更换布卷或用棍棒拨弄布卷，可能导致机械伤害或物体打击	人员伤亡；经济损失	机械伤害；物体打击
裁剪车间	裁床	使用手推裁床；使用前未先拉上防护刀片罩即启动电机；离开车位未关闭电机；在未确认断电的情况下装卸材料或者磨刀、更换刀片；零部件松动，在运转过程中脱落甩出；调整进刀深度时，刀片与产品卷轴接触压力过大，发生崩刀，碎刀片飞出等，均可能造成机械伤害或物体打击	人员伤亡；经济损失	机械伤害；物体打击
	粘合机	未正确佩戴劳保用品操作粘合机，导致灼烫	人员伤亡；经济损失	灼烫
		环境潮湿，可能导致绝缘失效，造成触电	人员伤亡；经济损失	触电
		燃料管道泄漏可能引起爆炸	人员伤亡；经济损失；环境影响	其他爆炸

表4－2（续）

场所/位置	风险源	风险描述示意（仅供参考）	可能造成的后果	风险类型
缝纫车间	缝纫机	在操作过程中把手放到传动带、挑线杆和机针上；更换梭芯、梭套和穿线时，脚未离开脚踏板；护针器失效；离开机器时未关机等均可能造成机械伤害。 旋转、冲压、用刀等部位防护装置松动或失效，可能导致手伸入危险部位造成机械伤害	人员伤亡；经济损失	机械伤害

这里，安全风险描述的表现方式通常是：原因（驱动因素）＋结果（影响）的方式，即……情形发生，导致……要进行安全风险描述，就要分析引起风险事故的各种因素条件。

参照《企业职工伤亡事故分类》（GB 6441—1986），风险类型包括以下20类：

（1）物体打击。是指物体在重力或其他外力的作用下产生运动，打击人体，造成人身伤亡事故，不包括因机械设备、车辆、起重机械、坍塌等引发的物体打击。

（2）车辆伤害。是指企业机动车辆在行驶中引起的人体坠落和物体倒塌、飞落、挤压伤亡事故，不包括起重设备提升、牵引车辆和车辆停驶时发生的事故。

（3）机械伤害。是指机械设备运动（静止）部件、工具、加工件直接与人体接触引起的夹击、碰撞、剪切、卷入、绞、碾、割、刺等伤害，不包括车辆、起重机械引起的机械伤害。

（4）起重伤害。是指各种起重作业（包括起重机安装、检修、试验）中发生的挤压、坠落、（吊具、吊重）物体打击和触电。

（5）触电。是指电流流经人体，造成生理伤害的事故，包括雷击伤亡事故。

(6) 淹溺。是指因大量水经口、鼻进入肺内，造成呼吸道阻塞，发生急性缺氧而窒息死亡的事故，包括高处坠落淹溺，不包括矿山、井下透水淹溺。

(7) 灼烫。是指火焰烧伤、高温物体烫伤、化学灼伤（酸、碱、盐、有机物引起的体内外灼伤）、物理灼伤（光、放射性物质引起的体内外灼伤），不包括电灼伤和火灾引起的烧伤。

(8) 火灾。是指造成人身伤亡的企业火灾事故。

(9) 高处坠落。是指在高处作业中发生坠落造成的伤亡事故，不包括触电坠落事故。

(10) 坍塌。是指物体在外力或重力作用下，超过自身的强度极限或因结构稳定性破坏而造成的事故，如挖沟时的土石塌方、脚手架坍塌、堆置物倒塌等，不适用于矿山冒顶片帮和车辆、起重机械、爆破引起的坍塌。

(11) 冒顶片帮。指矿山工作面、巷道侧壁等由于支护不当、压力过大造成的坍塌或顶板垮落等事故。

(12) 透水。指矿山、地下开采或其他坑道作业时，意外水源带来的伤亡事故。

(13) 放炮。是指爆破作业中发生的伤亡事故。

(14) 火药爆炸。是指火药、炸药及其制品在生产加工、运输、储存中发生的爆炸事故。

(15) 瓦斯爆炸。是指煤矿由于瓦斯超限导致的爆炸事故。

(16) 锅炉爆炸。是指锅炉发生的物理性爆炸事故。

(17) 容器爆炸。是指压力容器发生的物理性爆炸事故。

(18) 其他爆炸。凡不属于上述爆炸的事故均列为其他爆炸事故。

(19) 中毒和窒息。是指人接触有毒物质，如误吃有毒食物或呼吸有毒气体引起的人体急性中毒事故。

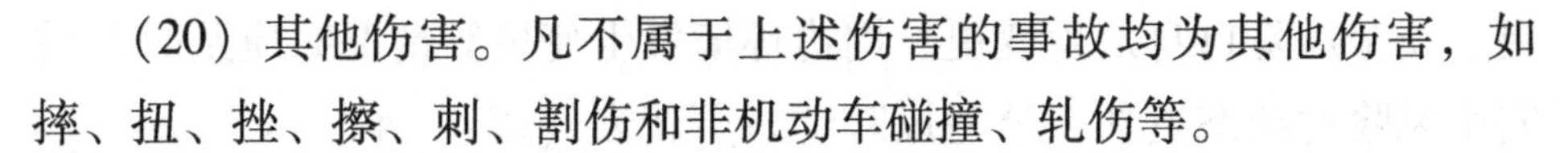

(20) 其他伤害。凡不属于上述伤害的事故均为其他伤害，如摔、扭、挫、擦、刺、割伤和非机动车碰撞、轧伤等。

4.1.4 企业安全风险源清单

企业开展安全风险评估工作时，参照本行业（领域）安全风险源辨识建议清单，通过实地踏勘、现场测量、经验分析和查阅历史资料等方法，从不同层面、不同角度，分析、列举生产经营活动中存在的各种安全风险源，分析其可能导致事故或突发事件的原因、致灾因子、薄弱环节，并根据《企业职工伤亡事故分类》(GB 6441—1986)，结合安全风险可能导致的事故后果，确定其事故风险类型。

组织不同类型的专家及相关人员通过技术分析、实地查勘、集体会商等方式，量化分析安全风险源引发事故或突发事件的可能性和后果严重性。根据风险分析结果，即风险发生的可能性和后果严重性所处的水平，对照风险矩阵，确定该安全风险源对应的风险等级。

汇总安全风险评估结果，形成本单位的安全风险源清单。清单至少包括风险源名称、场所位置、风险描述、风险类型、风险可能性等级、后果严重性等级、风险等级、风险管控措施等内容，见表4－3。

表4－3　安全风险源清单

风险源名称	场所位置	风险描述	风险类型	可能性	后果严重性	风险等级	工程控制措施	安全管理措施	应急准备措施

企业应定期更新安全风险，重点评估新增、等级升高和综合叠加、关联耦合的安全风险，出现生产工艺流程和关键设备设施发生变

更、安全风险自身发生变更、周边环境发生变更等情况时应及时开展安全风险的动态更新，填写风险动态更新表（表4－4）。

表4－4　安全风险动态更新表

序号	风险源名称	变更情况	可能性等级		后果等级		风险等级		控制措施	
			原结果	更新结果	原结果	更新结果	原结果	更新结果	原措施	更新措施

4.2　风险评估

根据数据翔实程度和风险评估目的，选择适用的定性、半定量、定量或以上方法的组合进行风险评估。有明确的行业风险分析方法的，可按其行业标准执行。风险矩阵法由于适用性较为广泛、操作简便，是风险评估的常用方法之一。

4.2.1　可能性分析

可能性分析是确定风险事件发生可能性的过程。风险可能性受风险本身固有属性影响，同时与风险作用对象的承受能力负相关，与风险控制能力负相关。

在分析风险可能性时，需要考虑企业安全管理现状、近年来灾害事故和执法处罚情况、重要设备设施检测报告、关键部位和环节安全控制措施现状等因素。为了方便评估人员对可能性作出客观的评价，将风险可能性简化为历史发生概率、现场管理水平这两个客观指标，见表4－5。

1. 历史发生概率 Q_1

事故是已经发生的实际数据，能客观地反映风险发生的可能性。

如果根据事故统计资料能够计算出企业自身事故发生的概率，对事故发生的可能性进行评分，则更能体现企业本身的特色。但部分企业并未对事故进行客观统计。为避免偏差，历史发生概率采用全国范围内同类风险过去 N 年发生此类突发事件（事故）的次数（频率）为评判依据。当此类突发事件（事故）过去 2 年发生 1 次以上，认定为很可能发生；过去 5 年发生 1 次，认定为较可能发生；过去 10 年发生 1 次，认定为可能发生；过去 10 年以上发生 1 次，认定为较不可能发生；过去从未发生，认定为基本不可能发生。

表 4－5　可能性度量表

指标	释　义	分级	可能性	等级
历史发生概率 Q_1	全国范围内同类风险过去 N 年发生此类突发事件（事故）的次数（频率）为评判依据	过去 2 年发生 1 次以上	很可能	5
		过去 5 年发生 1 次	较可能	4
		过去 10 年发生 1 次	可能	3
		过去 10 年以上发生 1 次	较不可能	2
		过去从未发生	基本不可能	1
现场管理水平 Q_2	从安全生产标准化评审分值得出等级值。 安全生产标准化评审分值采用现场实际得分折算进行。安全生产标准化评审分值 = 现场实际得分/(600 − 现场部分实际不涉及项分值) × 1000	低于 700 分	很可能	5
		700 ~ 799 分	较可能	4
		800 ~ 899 分	可能	3
		900 ~ 950 分	较不可能	2
		950 分以上	基本不可能	1
$Q = \mathrm{Max}(Q_1, Q_2)$				

原则上，风险估计的第一步是要收集与风险因素相关的数据和资料，确定事故场景发生频率。在这一步中，企业风险管理团队需要基于历史数据、专家判断以及对于未来的假设等判断风险事件发生的概

率。其中，仅依据本单位历史数据进行评估事故发生的概率是很困难的，且也是不准确的，还需要依据概率论中的大数定律，对其他行业、其他组织和权威机构发布的大量事故案例进行分类统计整理，根据足够多的样本数据估测事故发生的概率。

鉴于部分企业是初次构建风险管理或者缺乏专业风险管理人员，对相关事故案例的收集整理分析存在一定的困难，可组织专业人员依照表4-6中的内容对相关事故案例数据进行收集整理，编制各行业的安全生产事故案例数据库，以更好地在实践中应用。

表4-6 事故案例数据情况示例

时间	省、市、自治区	行业类型	事故描述	事故类型
2020年3月3日	内蒙古自治区	危化	2020年3月3日0时23分许，阿拉善盟高新区巴音敖包工业园区内蒙古世杰化工有限公司发生一起泄压喷料事故，造成5人受伤	其他伤害
2020年1月8日	云南省	交通基础设施	2020年1月8日14时30分许，昭通市镇雄县以勒镇火草村后边沟村民小组宜毕高速中铁十一局四标段施工点发生坍塌事故，造成3人死亡，1人受伤	坍塌
2020年1月7日	北京市	公交运营企业	2020年1月7日10时许，在朝阳区祁家坟公交总站院内，一辆电动公交车在倒车入库充电时，与一保安员发生接触，造成该人死亡	车辆伤害
2019年9月9日	河南省	工业	2019年9月9日16时左右，平顶山市舞钢市舞阳钢铁公司第一轧钢厂在主轧线停产检修时，转钢辊道突然转动，将站在转钢辊道上的4人卷入辊道，事故造成2人死亡，2人受伤	机械伤害

2. 现场管理水平 Q_2

风险发生的可能性与企业安全管理现状、重要设备设施检测报告、关键部位和环节安全控制措施现状等因素相关，而这些因素在企业安全生产标准化中均有体现。

近年来，很多城市大力推动企业安全生产标准化达标工作，标准化工作通过企业自评、第三方评审等形式来推动，在一定程度上客观地反映了企业安全管理现状。为避免偏差，现场管理水平从安全生产标准化评审分值得出等级值。安全生产标准化评审分值采用现场实际得分折算进行。安全生产标准化评审分值 = 现场实际得分/(600 - 现场部分实际不涉及项分值) ×1000。

当标准化分值低于 700 分，认为很可能发生；在 700 ~ 799 分，认为较可能发生；在 800 ~ 899 分，认为可能发生；在 900 ~ 950 分，认为较不可能发生；950 分以上，认为基本不可能发生。

3. 可能性 Q

风险发生的可能性（Q）与历史发生概率（Q_1）、现场管理水平有关（Q_2），选择最大分值作为风险发生可能性最终评分值，即

$$Q = \mathrm{Max}(Q_1, Q_2) \tag{4-1}$$

4.2.2 后果严重性分析

后果严重程度与风险源的能量直接相关，能量越高，其可能导致事故的后果严重程度就越大；相反，有些风险源的能量较低，即使失控也不会有太大的损害性。风险后果严重性通常从人员伤亡、财产损失、社会影响等方面进行分析。

在分析风险后果严重性时，需要考虑企业危险特性、种类和数量，接触人数和周边人群分布情况，以及灾害事故统计、典型案例和事故模拟分析数据等因素。为了方便评估人员对后果严重性作出客观评价，将风险源对人、经济、周边重要目标、基础设施的损失折算成等效死亡人数进行计算，具体见表 4 - 7。

表4-7　后果严重性度量表

指　标	释　义	后果严重性等效折算死亡人数 M		等级值
		$M = M_1 + M_2 + M_3 + M_4$		
等效折算死亡人数	将安全风险源对人、经济、周边重要目标、基础设施的损失折算成等效死亡人数进行计算，其对应指标的等效死亡人数分别用 M_1、M_2、M_3、M_4 表示	≥10	很大	5
		[3，10)	大	4
		[2，3)	一般	3
		[1，2)	小	2
		<1	很小	1

1. 对人员影响

安全风险对人所造成的损失主要从安全风险源所在场所、位置的从业人员数量（用 N 表示）来衡量，从业影响等效折算死亡人数具体计算式为

$$M_1 = \begin{cases} 0.5N & \text{火灾、爆炸、毒性气体泄漏} \\ 0.1N & \text{其他安全风险类型} \end{cases} \tag{4-2}$$

式中　M_1——从业影响等效折算死亡人数；

N——安全风险源所在场所、位置的从业人员数量。

2. 对经济的影响

安全风险对经济所造成的损失主要从设备设施的资产总值来度量，经济影响等效折算死亡人数具体计算式为

$$M_2 = \begin{cases} 0.005E & \text{火灾、爆炸等可能导致设施损坏的风险类型} \\ 0 & \text{其他安全风险类型} \end{cases} \tag{4-3}$$

式中　M_2——经济影响等效折算死亡人数；

E——设备设施的经济损失，单位为万元。

3. 对社会的影响

安全风险对社会所造成的损失主要包括对周边重要目标的影响、基础设施损坏或中断两个参数。

周边重要目标包括安全风险源所在场所、位置周边500 m范围内是否有党政机关、军事管理区、文物保护单位、学校、医院、养老院、人员密集场所（如居民小区、大型城市综合体、商场市场、宾馆饭店、娱乐场所、体育场馆、交通枢纽等）、主要道路桥梁等。

周边重要目标影响等效折算死亡人数具体计算式为

$$M_3=\begin{cases}5T & \text{火灾、爆炸、毒性气体泄漏}\\0 & \text{其他安全风险类型}\end{cases}\tag{4-4}$$

式中 M_3——周边重要目标影响等效折算死亡人数；

T——周边重要目标数量。

基础设施损坏或中断是指因安全风险引发的事故或突发事件造成供水、电力、燃气、道路交通、通信的中断。基础设施影响等效折算死亡人数具体计算式为

$$M_4=\begin{cases}10I & \text{火灾、爆炸等可能导致基础设施损坏的风险类型}\\0 & \text{其他安全风险类型}\end{cases}\tag{4-5}$$

式中 M_4——基础设施影响等效折算死亡人数；

I——周边基础设施数量。

4. 后果严重性

风险后果严重性等效折算死亡人数（M）的计算式为

$$M=M_1+M_2+M_3+M_4\tag{4-6}$$

当$M\geqslant10$时，认为后果严重性很大；$3\leqslant M<10$时，认为后果严重性大；$2\leqslant M<3$时，认为后果严重性一般；$1\leqslant M<2$时，认为后果严重性小；$M<1$时，认为后果严重性很小。

4.2.3 确定风险等级

根据风险分析结果，即风险发生的可能性和后果严重性所处的水

平，对照风险矩阵图（图3－2）确定该安全风险源对应的风险等级。

以某风险为例，若全国范围内同类风险过去5年发生1次，企业的安全生产标准化评审分值为850分，依照表4－5可知，历史发生概率Q_1取值4，现场管理水平Q_2取值3，则可能性Q取值4。若该风险属于火灾、爆炸风险类型，并且风险源所在场所的从业人员数量为10人，可能造成设备设施资产总值损失为100万元，周边500 m范围内无敏感目标，并且不会对供水、电力、燃气、道路交通、通信造成影响，则$M = M_1 + M_2 + M_3 + M_4 = 0.5 \times 10 + 0.005 \times 100 + 0 + 0 = 5 + 0.5 = 5.5$，依照表4－7可知，后果严重性取值4。对照图3－2，可以判断出该风险为较大风险。

4.3 风险管控

4.3.1 风险分级管控

风险管控就是要在现有技术和管理水平上，以最少的消耗达到最优的安全水平，也就是寻求风险级别与控制等级的相互匹配，达到安全与资源的最优化匹配组合。

企业应按要求制定和实施风险分级管控措施，根据企业自身安全管理机构层级的设置，确定适合企业安全管理的管控层级，一般可分为四级，分别为公司（厂）级、部门（车间）级、班组级和岗位级，如图4－3所示。风险分级管控应遵循风险越高管控层级越高的原则，上一级负责管控的风险，下一级必须同时负责管控，并逐级落实具体措施。

4.3.2 重大安全风险再评估

重大安全风险是指发生事故可能性与事故后果二者结合后风险值被认定为重大风险等级的风险。重大安全风险必须通过采取工程技术措施或加强管理措施进行有效控制，把等级降低到可接受程度。

重大安全风险所属单位应制定风险管控措施，并对措施的可行性

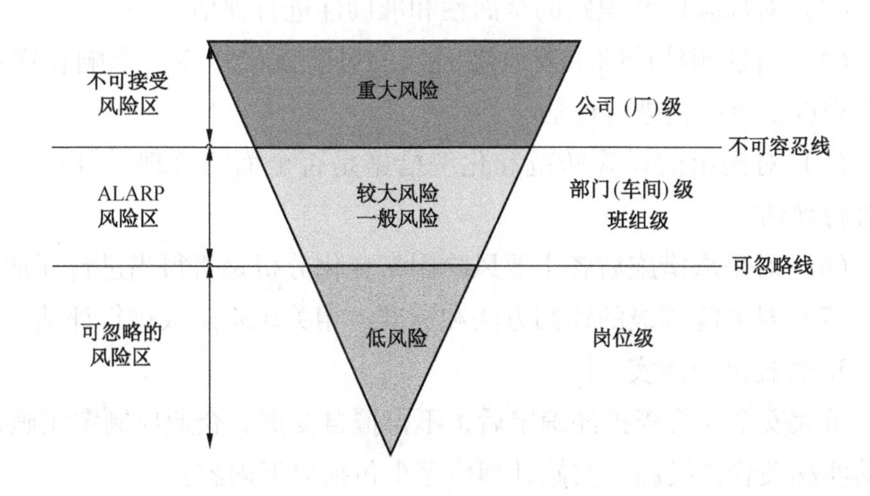

图4－3 企业安全风险防控层级

进行评估论证。评估论证工作由管控措施制定、管控措施评审、管控措施落实、风险修正（再评估）、持续监测更新等环节组成。

1. 管控措施制定

企业应制定科学、合理、可行的重大安全风险管控措施，管控措施至少包括以下内容：

（1）风险管控的方法和措施。

（2）风险管控的机构和人员。

（3）风险管控经费和物资的落实。

（4）风险管控措施的时限和要求。

（5）其他需要说明的情况。

2. 管控措施评审

企业应对管控措施的可行性进行评审，评审重点如下：

（1）重点对重大风险的可行性、可控性进行评估论证。

（2）对风险调查的全面性，调查结果的真实性、可信性进行评估，可依据实际情况开展补充调查。

（3）对风险因素识别的全面性和准确性进行评估。

（4）对预测估计的主要风险因素的风险发生概率、影响程度和风险程度是否恰当进行评估。

（5）对提出的风险防范和化解措施是否全面、合理、可行、有效进行评估。

（6）对采取措施后各主要风险因素变化分析是否得当进行评估。

（7）对风险等级的评判方法和标准、相关风险定级进行评估。

3. 管控措施落实

重大安全风险管控经确定后，不得擅自变更。企业应制定实施计划落实相关管控措施，实施计划应至少包括以下内容：

（1）计划实施的环境。

（2）负责风险管控措施落实的部门和人员。

（3）所需的各种资源。

（4）负责各项任务的人员。

企业应建立重大安全风险辨识评估与管控档案卡，对管控措施的实施情况进行记录存档。

4. 风险修正（再评估）

企业重大安全风险管控措施落实之后，政府部门应组织评估专家或者第三方中介机构对重大安全风险的风险等级进行再评估，或者管控措施之后的风险修正。可以从事前和事后控制能力两个方面分别对风险发生可能性和后果严重性评分进行修正。

风险控制能力的评分方法是通过查看相关基础资料、应急预案和灾害事故案例等资料，由评估专家逐项对事前和事后控制能力各评分指标进行评分，并取各项因素得分平均值（四舍五入取整）作为评分结果。

控制能力分析主要从事前控制能力和事后控制能力两方面着手，主要包括行业领域安全监管力量、监测预警水平、工程技术条件、应

急响应能力、抢险救援能力和人员疏散能力，见表4-8。

表4-8 控制能力评分情况

序号	控制阶段	评价指标	评分				
			1	2	3	4	5
1	事前控制能力	行业领域安全监管能力	行业领域安全监管力量极为薄弱。相关法律法规标准严重缺失，执法严重不到位	行业领域安全监管力量薄弱。相关法律法规标准尚不健全，执法不到位	行业领域安全监管力量、相关法律法规标准和执法基本满足监管需求	行业领域安全监管力量较为充足。相关法律法规标准较为健全，执法较为到位	行业领域安全监管力量充足。相关法律法规标准完善健全，执法到位
2		监测预警水平	非定期开展安全大检查	定期人工巡查	有一些自动监测系统或定期人工监测	基本安装了自动监测预警系统	全部安装了自动监测预警系统
3		工程技术条件	几乎没有工程技术防护措施	有少量的工程技术防护措施	有一定的工程技术防护措施	有较好的工程技术防护措施	有完善的工程技术防护措施
4	事后控制能力	应急响应速度	需要异地救援力量（响应时间大于8 h）	需要区域性救援力量（响应时间数小时）	有社会化专业救援队响应（响应时间数十分钟）	有本地化的专业救援队（响应时间数分钟）	可立即自动响应（如自动停车系统）
5		应急联动能力	没有建立应急联动机制	联动机制未落实，需临时协调	联动机制不健全，经协调可启动	有相应的联动机制，经通知可启动	有完善的联动机制，可自动启动
6		抢险救援能力	需要国家增援才能调集所需的能力	通过异地增援才能调集所需的能力	通过本地社会动员才能调集所需的能力	通过本地增援可较快调集所需的能力	在短时间内可调集所需的能力
7		人员疏散能力	人员疏散困难，大量人员被困	需要协调才能疏散，较多人员被困	基本可自主疏散，较少人员被困	可较快完成自主疏散，几乎无人员被困	可快速完成疏散，几乎不会造成伤亡

分别根据事前和事后控制能力评分对风险发生可能性和后果严重

性评分值进行修正。其中，行业领域安全监管力量、监测预警水平和工程技术条件对风险发生可能性评分进行修正，应急响应能力、抢险救援能力和人员疏散能力对风险发生后果严重性评分进行修正，方法见表4－9和表4－10。

表4－9　事前控制能力对风险发生可能性的修正

控制能力评分	1	2	3	4	5
风险发生可能性评分修正值	+2	+1	0	0	-1

注：以上修正的含义是，如果事前控制能力强，可能性评分减少1分；如果控制能力弱，则可能性评分相应增加1～2分。修正后的等级若大于5则保留5，若小于1则保留1。

表4－10　事后控制能力对风险发生后果严重性的修正

控制能力评分	1	2	3	4	5
风险发生后果严重性评分修正值	+2	+1	0	0	-1

注：以上修正的含义是，如果事后控制能力强，后果严重性评分减少1分；如果控制能力弱，则后果严重性评分相应增加1～2分。修正后的等级若大于5则保留5，若小于1则保留1。

5. 持续监测更新

企业应持续检查风险管控措施的实施效果，及时跟踪监测风险变化，进行风险动态更新。

各企业可结合风险固有属性的变化和当前国内外经济社会环境的变化做适当调整。

4.3.3　应急资源调查

为加强应急准备，完善应急保障措施，企业应根据安全风险辨识评估得出的应急资源需求，全面调查本单位的应急资源状况以及周边单位的可请求援助的应急资源状况，并对调查结果进行登记。

应急资源是指发生生产安全事故时第一时间可以调用的人力、物

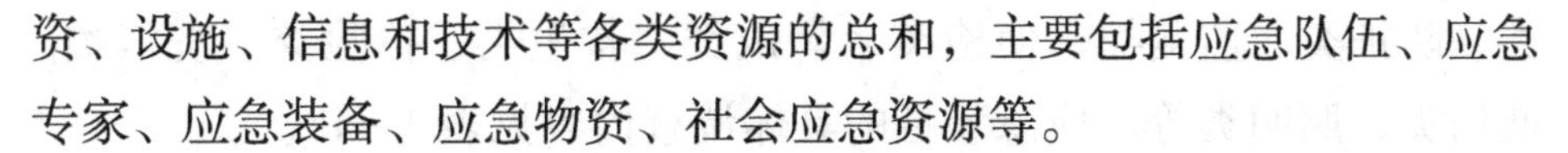

资、设施、信息和技术等各类资源的总和，主要包括应急队伍、应急专家、应急装备、应急物资、社会应急资源等。

（1）应急队伍为本企业第一时间可以调用的生产安全事故应急救援方面的专业队伍、兼职队伍和协议队伍等。应急队伍的具体调查内容见表4-11。

表4-11 应急资源调查明细表（应急队伍）

队伍名称	救援类型	成立时间	地址	总人数	负责人	值班电话	擅长处置事故类型

注："成立时间"一栏请按年-月-日格式填写，如2016-01-01；"救援类型"一栏填写救援、救护、掘进、通风、堵漏、其他等。

（2）应急专家为本企业第一时间可以调用的生产安全事故应急救援（应急处置）方面的专家。应急专家的具体调查内容见表4-12。

表4-12 应急资源调查明细表（应急专家）

姓名	性别	年龄	专业	专家类别	工作单位	住址	擅长事故类型	联系方式	
								办公电话	手机

注："专家类别"一栏填写综合类、煤矿类、危化类、烟花爆竹类、非煤矿山类、冶金类、石油开采类、应急通信信息类、其他类。

（3）应急装备指本企业第一时间可以调用的能够用于生产安全事故应急救援的自储或协议储存的可重复使用的设备装备，包括车辆类、防护类、监测类、侦检类、警戒类、救生类、抢险类、洗消类、通信类、照明类等。应急装备的具体调查内容见表4－13。

表4－13　应急资源调查明细表（应急装备）

类型	装备名称	规格型号	数量	来源	完好情况或有效期	主要功能	存放场所	负责人	联系电话
车辆类									
防护类									
监测类									
侦检类									
警戒类									
救生类									
抢险类									
洗消类									
通信类									
照明类									
其他									

注："来源"一栏填写政府投资或企业自筹。

（4）应急物资指本企业第一时间可以调用的能够用于生产安全事故应急救援的自储或协议储存的消耗性物质资料，包括生活类、医疗救助类、应急保障类等。应急物资的具体调查内容见表4－14。

表4－14　应急资源调查明细表（应急物资）

类型	物资名称	规格型号	数量	来源	完好情况或有效期	主要功能	存放场所	负责人	联系电话
生活类									
医疗救助类									
应急保障类									
其他									

注：“来源”一栏填写政府投资或企业自筹。

（5）社会应急资源是指企业可以利用的周边应急资源，包括周边应急管理机构、消防部队、医疗卫生机构、避难场所等。社会应急资源的具体调查内容见表4－15。

表4－15　应急资源调查明细表（社会应急资源）

类型	名称	地址	联系电话	备注
应急管理机构				
消防部队				

表 4－15（续）

类型	名称	地址	联系电话	备注
医疗卫生机构				
避难场所				
其他				

应急资源调查是一个持续循环的动态过程，当下列情形发生时应对应急资源调查进行更新：①法律、法规、规章、标准及规范性文件中的有关规定发生重大变化的；②应急预案需要修订的；③安全风险（如风险种类、等级等）发生重大变化的；④重要应急资源（如救援车辆、防护用品等）发生重大变化的；⑤其他需要更新的。

5　企业整体安全风险评估

为便于政府部门或行业对企业风险进行分级评价，需在企业点位风险评估基础上开展企业整体安全风险评估。企业整体安全风险评估依据风险分级评价原理，形成一套企业整体风险分级评价方法，考量整个企业的安全生产风险整体水平。

企业整体安全风险具有社会性、综合性特点。社会性特点不仅考量本体（企业本身）风险因素，还须考量受体（社会）风险因素。综合性特点考量整个企业的风险水平，而非具体的设备、工艺流程、作业岗位、工作环境的风险因素。

5.1　指标构建原则

关于如何构建指标体系，即选择哪些基础指标构建体系，并不存在成熟或者被普遍应用的筛选标准。在大量的综合评价实践中，一些学者给出了构建指标体系的一般性原则。比如，Schomaker 给出了综合评价基础指标选择的 SMART 原则：S（specific）——具体性，M（measurable）——可测度性，A（achievable）——可获得性，R（relevant）——主题相关性，T（time - bound）——时效性。

指标体系的建立是企业整体安全风险评估中重要的一个环节，只有建立科学、合理的指标体系，才能对企业运行安全状况有一个全面、客观、准确的了解。指标体系要遵照目的性、独立性、科学性、可行性等原则进行构建。

（1）目的性：指标体系的建立紧紧围绕反映企业运行安全状况、

确保企业运行安全的目的，最终选择最能体现企业运行安全各影响因素的典型指标。

（2）独立性：指标体系中各个指标要内涵清晰，相对独立，各指标之间要尽量避免相互重叠和关联，以免影响各指标之间重要性评判的准确性。

（3）科学性：指标的选取应遵循客观性，指标体系应能科学地反映企业运行安全现状。

（4）可行性：在设计指标过程中，对于定量指标，要选择稳定、有可靠数据来源且便于统计和计算的指标；对于定性指标，要确保指标含义明确，专家对其进行评价时能准确打分。

5.2 指标体系构建

企业整体安全风险评价指标体系设置 7 个二级指标和 17 个三级指标，如图 5 - 1 所示。

对企业整体风险评估指标体系中每个指标进行分级取值和重要性确认，如每个重大安全风险源取值 10 分，每个较大安全风险源取值 4 分，具体见表 5 - 1。

表 5 - 1　企业整体安全风险评估指标体系

一级指标	二级指标	三级指标	取　值　方　法
企业整体安全风险	固有风险 D_1	重大安全风险源 D_{11}	每个重大安全风险源取 10 分
		较大安全风险源 D_{12}	每个较大安全风险源取 4 分
		设备设施类风险源 D_{13}	超过设计使用年限仍在服役的，每个设备设施类风险源取 4 分

表5－1（续）

一级指标	二级指标	三级指标	取值方法
企业整体安全风险	社会影响 D_2	重要目标影响 D_{21}	主要风险类型包括爆炸（锅炉爆炸、容器爆炸、其他爆炸）、火灾、中毒与窒息的，且周边有党政机关、军事管理区、文物保护单位、学校、医院、养老院、人员密集场所（如居民小区、大型城市综合体、商场市场、宾馆饭店、娱乐场所、体育场馆、交通枢纽等）、主要道路桥梁等重点目标的，每个重要目标取2分
		基础设施影响 D_{22}	主要风险类型包括爆炸（锅炉爆炸、容器爆炸、其他爆炸）、火灾的，且可能造成供水、电力、燃气、道路交通、通信中断的，每类基础设施取4分
	控制措施 D_3	控制措施制定 D_{31}	每个风险源无控制措施的，取2分
		控制措施实际效果 D_{32}	每个风险源的管控措施与实际明显不符的，取2分
	人员业务素质 D_4	主要领导人素质 D_{41}	企业法人、主要负责人取得“北京市安全生产培训合格证”的，取2分
		管理人员素质 D_{42}	应急管理人员具备注册安全工程师的，每人次取1分； 具备注册助理安全工程师的，每人次取0.5分
		操作人员素质 D_{43}	60%以上的操作人员具备大学本科及以上学历的，取6分； 60%以上的操作人员具备大专及以上学历的，取5分； 60%以上的操作人员具备高中及以上学历的，取3分； 其他，取0分

表5-1（续）

一级指标	二级指标	三级指标	取 值 方 法
企业整体安全风险	应急准备 D_5	专项预案制定 D_{51}	主要风险（较大及以上）未制定专项预案的，取2分
		应急演练频次 D_{52}	综合应急预案、专项应急预案、现场处置方案应急演练频次不足的，取2分
		应急救援队伍配备 D_{53}	未配备应急救援队伍的，取4分
	风险防范能力 D_6	行政处罚次数 D_{61}	存在因安全生产违法违规行为被行政处罚的，取6分
		安全隐患 D_{62}	存在重大安全隐患的，取6分； 存在一般生产安全事故隐患未及时治理的，取2分
	风险管理绩效 D_7	安全生产标准化 D_{71}	安全生产标准化为二级及以上企业，取6分； 安全生产标准化为三级企业的，取4分； 小微企业安全生产标准化达标的，取2分
		生产安全事故 D_{72}	一年内发生一起较大及以上生产安全事故的，取30分； 一年内发生死亡2人一般生产安全事故的，每次取20分； 一年内发生死亡1人一般生产安全事故的，每次取10分； 一年内发生伤人一般生产安全事故的，每次取3分

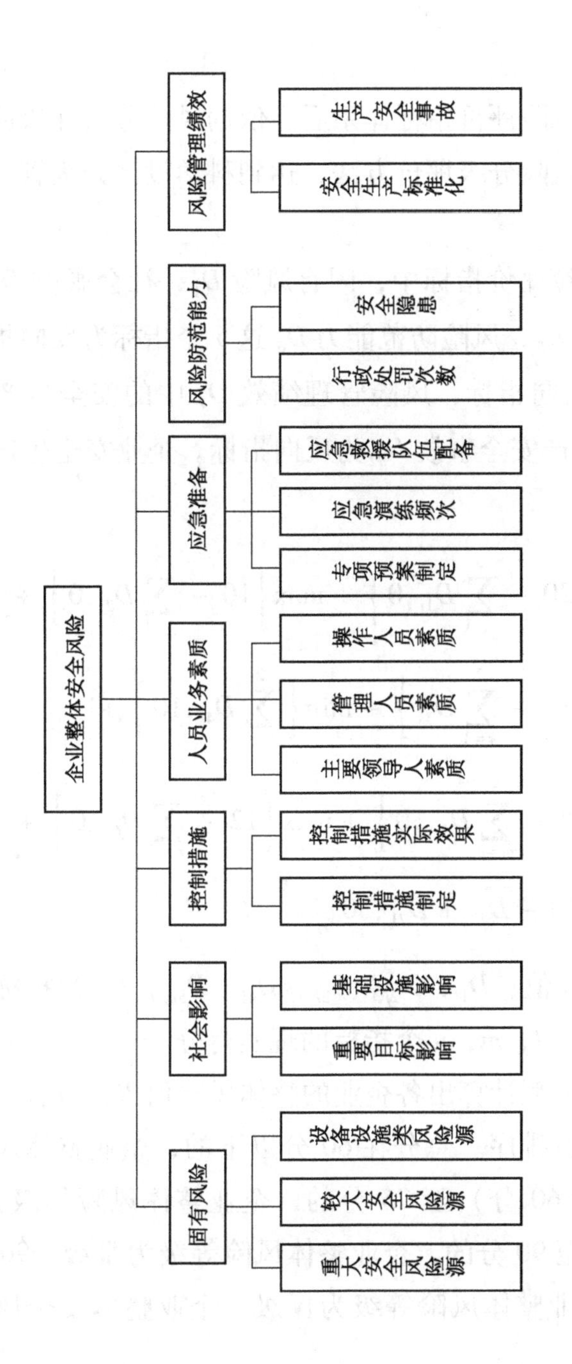

图 5－1 企业整体安全风险评估指标

5.3 评估模型

建立企业整体风险评价指标体系后，依据风险分级评价原理，可形成一套企业整体风险分级评价方法，达到科学设计分级管控策略的目的。

在企业整体风险评价指标中，固有风险 D_1、社会影响 D_2、控制措施 D_3、应急准备 D_5、风险防范能力 D_6 这 5 个指标为反向指标，人员业务素质 D_4 为正向指标，风险管理绩效 D_7 中的安全生产标准化 D_{71} 为正向指标，生产安全事故 D_{72} 为反向指标。企业安全生产整体风险计算模型为

$$
\begin{aligned}
R = & \max\left\{20 - \sum_{i=1}^{3} D_{1i}, 0\right\} + \max\left\{10 - \sum_{j=1}^{2} D_{2j}, 0\right\} + \\
& \max\left\{10 - \sum_{k=1}^{2} D_{3k}\right\} + \min\left\{\sum_{l=1}^{2} D_{4l}, 10\right\} + \\
& \max\left\{8 - \sum_{m=1}^{3} D_{5m}, 0\right\} + \max\left\{12 - \sum_{n=1}^{2} D_{6n}, 0\right\} + \\
& \min\{30 - D_{72} + D_{71}, 30\}
\end{aligned}
$$

其中，R 为风险值；D_{1i}，D_{2j}，D_{3k}，D_{4l}，D_{5m}，D_{6n} 为指标体系中三级指标第 i，j，k，l，m，n 个指标的现实得分。

根据风险分级模型计算出各企业的整体风险值 R，将各企业按照风险值从高到低进行排序。总分在 60 分以下的，企业整体风险等级为Ⅰ级；60 分（含 60 分）至 75 分的，企业整体风险等级为Ⅱ级；75 分（含 75 分）至 90 分的，企业整体风险等级为Ⅲ级；90 分以上（含 90 分）的，企业整体风险等级为Ⅳ级。企业整体安全风险分级标准见表 5－2。

表5－2　企业整体安全风险分级标准

风险值	风险等级	风险值	风险等级
<60	Ⅰ	[75，90)	Ⅲ
[60，75)	Ⅱ	≥90	Ⅳ

5.4　典型企业风险分析

基于历年来的风险评估工作成果，详细分析了建筑施工、市政、交通、商务、文化和旅游、危险化学品、工业等重点行业领域安全风险情况，为把握安全风险发展的特点和规律，预防和应对生产安全事故提供决策参考。

5.4.1　建筑施工企业

近年来，随着城市的快速发展，房屋建筑和市政基础设施工程建设长期高位运行，某些重点工程社会关注度高，基础设施工程项目点多、面广、体量大，自身安全风险种类多、级别高，同时施工活动容易受到周边环境、天气条件等多种不确定因素的影响，易产生叠加效应。

房屋建筑和市政基础设施工程安全风险源主要包括基坑工程、人工挖孔桩工程、拆除工程、爆破工程、脚手架工程、模架工程、钢结构工程、幕墙安装工程、起重吊装及拆卸工程；其可能导致的主要风险类型包括坍塌、起重伤害、高处坠落、机械伤害、物体打击、火灾、车辆伤害、触电、中毒和窒息等。重大安全风险源主要集中在基坑工程等危大工程，涉及的风险类型主要是坍塌、高处坠落、物体打击等。

图5－2给出了建筑施工领域的主要安全风险，具体特点如下：

一是危大工程安全风险高。施工单位未严格按照规定制定和落实深基坑、高支模板、脚手架、拆除爆破、起重吊装及安装拆卸等分部分项工程施工方案与技术标准，给施工安全带来较大风险，深基坑垮塌、塔吊倾覆、脚手架/模架坍塌等易引发群死群伤事故。

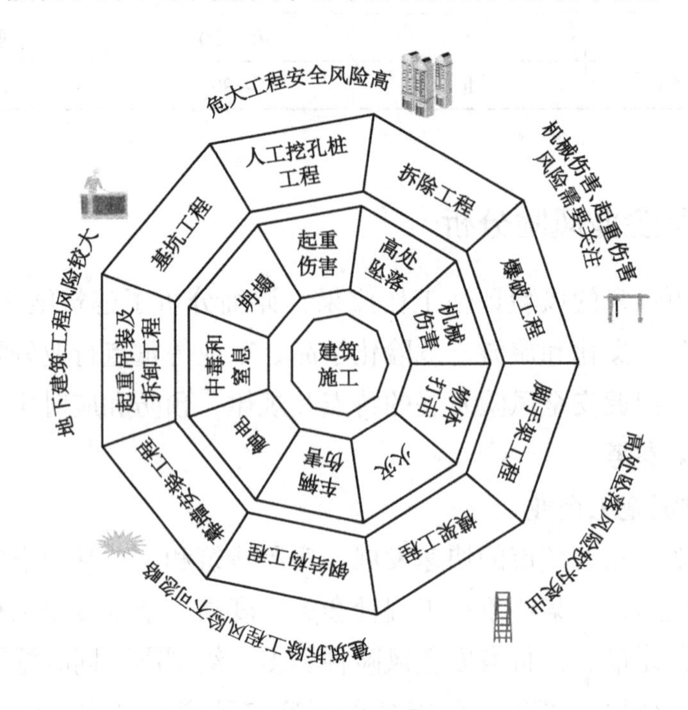

图 5－2　建筑施工领域安全风险分析

二是地下建筑工程风险较大。地下仓库、人防工程、轨道交通等地下建筑工程作业空间受限、施工条件复杂，易出现坍塌、透水等事故，并引发地面塌陷、建筑倾斜坍塌、地下管线破坏等次生事故。

三是建筑拆除工程风险不可忽视。建筑拆除工程可分为拆除作业、现场清理两个关键工序，拆除工程劳动力密集、拆除条件苛刻，危险性和复杂性较大。因违反拆除程序、缺少防范措施，易发生高处坠落、物体打击、机械伤害、建筑垮塌等事故。

四是高处坠落风险较为突出。高处坠落事故仍是最主要的事故类型之一，约占事故总起数的 60% 。高处坠落主要发生在通风井、电梯井等洞口、脚手架以及结构外侧的临边位置，物的不安全状态、环境的不良影响、管理的缺陷和人的不安全行为是导致高处坠落事故频发的主要原因。

五是机械伤害、起重伤害风险需要关注。施工现场使用大量的塔式起重机、施工升降机（含物料提升机）、门式起重机、桥式起重机、流动式起重机等建筑起重机械，因吊索具不符合作业要求，吊索具损伤或缺陷等因素可能造成起重伤害或者机械伤害。

5.4.2 市政企业

燃气、电力、供热、垃圾处理设施等是城市系统正常运行不可或缺的基础设施，但受规划布局、外力腐蚀、运行时间长等因素影响，其存在着一定的安全隐患，可能对城市正常运行造成影响。

市政领域重大安全风险源主要集中在管道天然气企业，压缩天然气加气站，液化石油气储配站，液化石油气灌装站，液化石油气瓶装供应站，液化石油气管道，液化天然气气化站/瓶组站，液化天然气灌装站的储罐（区）、瓶库、储气瓶组或瓶组（储罐）等，以及供热企业的锅炉；涉及的风险类型主要是火灾、中毒和窒息、其他爆炸、容器爆炸、其他伤害、灼烫等。

图 5 - 3 给出了市政领域的主要安全风险，具体特点如下：

1. 城镇燃气

城市燃气供应体系主要包括管道天然气、CNG 加气站和液化石油气。随着城市能源结构不断优化，天然气应用领域日益广泛，用气量不断增加，管道天然气和液化石油气成为城市重要的能源供应来源。燃气一旦泄漏，极易引发火灾、爆炸、中毒和窒息等连锁反应，造成严重事故后果，威胁城市公共安全。

一是埋地管线泄漏风险突出。城镇燃气管网遍布全市的大街小巷、住宅小区、城市综合体、公共场所等，由于地下环境复杂，并且长期受自然腐蚀、土壤腐蚀、地质结构变化、第三方人为破坏、深根植物和建筑违规占压等因素影响，管道破坏、泄漏安全风险不断加大。

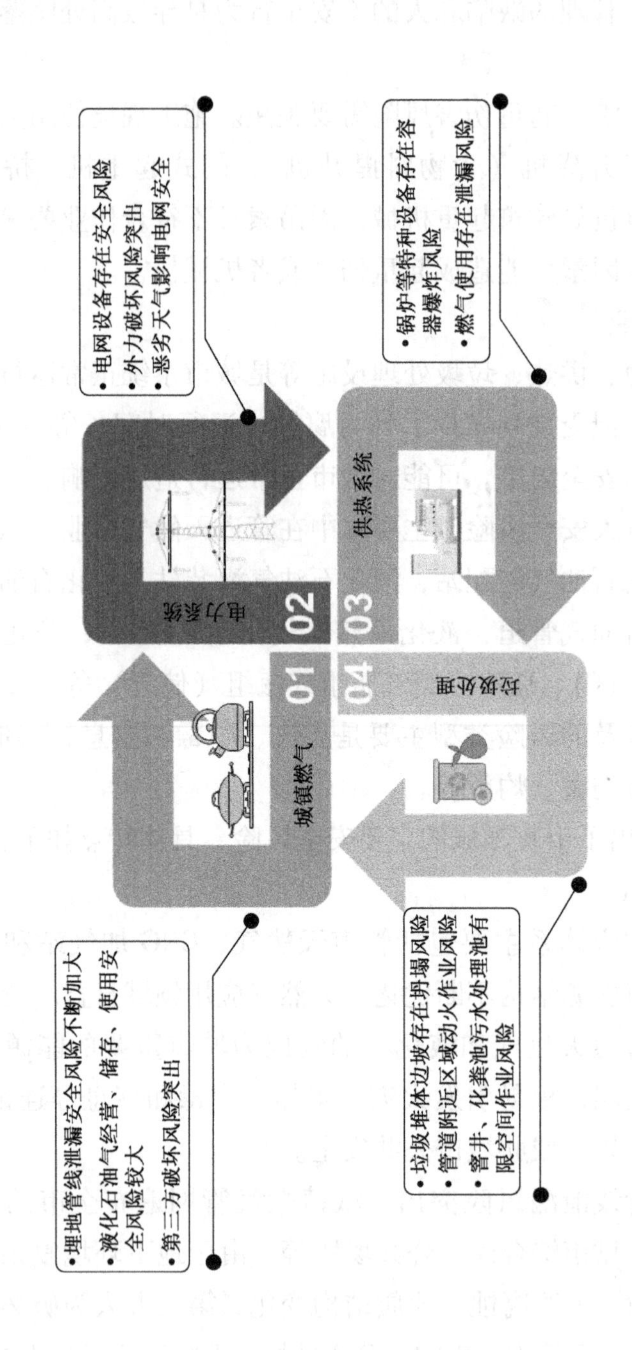

图 5－3　市政领域安全风险分析

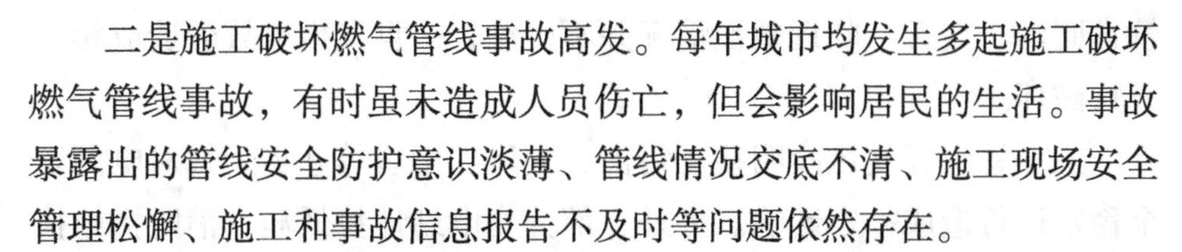

二是施工破坏燃气管线事故高发。每年城市均发生多起施工破坏燃气管线事故，有时虽未造成人员伤亡，但会影响居民的生活。事故暴露出的管线安全防护意识淡薄、管线情况交底不清、施工现场安全管理松懈、施工和事故信息报告不及时等问题依然存在。

三是液化石油气燃爆风险较大。经统计，液化石油气燃爆事故主要发生在居民家庭和餐饮商户。部分住户、商户不注重液化石油气的使用安全，错误地使用易导致液化石油气泄漏、燃烧爆炸事故。

四是车用加气站存在一定的泄漏、爆炸和火灾风险。车用加气站安全风险源主要涉及 LNG 储罐、潜液泵、气化器、槽车、装卸车管线、加气机、罩棚、加气车辆、管道等，可能引发的安全风险主要包括火灾、爆炸、物体打击等。由于在加气、装卸等作业过程中违章操作，以及软管、罐体、槽车等储气设施本身存在缺陷而在加气中发生爆裂，可能导致物体打击或燃气泄漏。

2. 电力系统

随着电力重点工程的推进，我国电网建设全链条、全过程的精准管控、精益管理在不断优化升级。恶劣天气、第三方外力破坏、用电管理不善等因素会对电网安全稳定运行造成一定影响。

一是电网设备存在安全风险。虽然我国电网通过逐年实施设备改造和隐患整治，运行稳定性和可靠性得到了大幅度提升，但仍存在少量老旧和运行缺陷的设备，其会对电网安全运行构成影响。部分用电单位对电力设施的安全运行重视不够，少数值班人员不具备上岗资格，存在供电电源达不到配置标准、事故保安电源缺少或事故保安电源不能启动等问题。

二是外力破坏风险突出。受电网运行环境影响，线下违章作业、道路挖掘等外力破坏导致输电架空及电缆线路运行故障仍然居高不下。在架空输电线路通道内种植植物、采挖砂石或新改扩建房屋、道路等现象依然存在，埋地电力管线与燃气、污水、通信、热力等其他

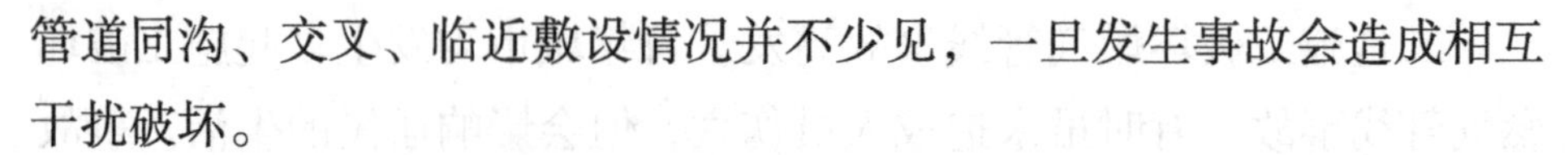

管道同沟、交叉、临近敷设情况并不少见，一旦发生事故会造成相互干扰破坏。

三是恶劣天气风险明显。雷击、大风、雨雪等恶劣天气对电网安全稳定运行造成一定影响。另外，部分变电站地势低洼，消防措施执行不到位，防雷排水等设施配置不足，易受暴雨、雷电等自然灾害影响。

3. 供热系统

因供热设施、设备发生故障，供电、供水系统发生故障，以及其他自然灾害等因素，可能影响正常供热。

一是锅炉等设备存在爆炸风险。供热企业中使用大量的锅炉、压力容器等特种设备，因特种设备检测检验和维修保养不及时、从业人员违规违章操作等问题，存在锅炉爆炸等风险。

二是燃气使用存在泄漏风险。部分城市已使用燃气锅炉的供暖方式，在燃气使用中，受安全管理不善等因素影响，存在着一定的燃气泄漏风险。

4. 垃圾处理

城市垃圾处理企业的主要处理工艺包括焚烧、生化、卫生填埋、转运等，垃圾堆体边坡失稳有导致坍塌的风险，污水处理作业中存在有限空间中毒和窒息的风险。

一是垃圾堆体边坡失稳导致坍塌风险。垃圾堆体坍塌的主要原因是在垃圾体的稳定性欠佳的情况下偶遇外力。填埋场作业不规范，垃圾填埋场产生的渗滤液不能及时导排而在垃圾堆体中形成含水层，填埋场设计缺陷，地表水或持续暴雨的冲刷都可能降低垃圾堆体的稳定性。

二是污水处理等场所存在有限空间作业风险。污水处理池、窨井、渗滤液池等有限空间部位存在易燃易爆、有毒有害气体，遇到火源可能导致火灾、爆炸等事故。

5.4.3 交通企业

道路是城市不可或缺的基础设施，我国道路主要由城市道路、高速公路、一般公路、农村公路等几部分组成。近年来随着车辆保有量的日益增长，轨道交通客流量的增长等因素影响，道路交通领域安全风险不断增长。

图 5－4 给出了交通领域的主要安全风险，具体特点如下：

一是道路交通生产安全事故多发。道路运输事故通常位居生产安全事故之首，事故起数和死亡人数远超其他类型事故。因运营车辆超载、超限、超速、闯红灯、随意掉头、逆向行驶等违章违规行为，道路交通事故数量仍居高不下。

二是地铁运营安全风险突出。目前城市轨道交通运营线路客流量巨大，运能已接近极限，虽然总体运行管理有序，但仍存在因设施故障、恶劣天气、大面积停电、恐怖袭击等情况而引发的设备停运现象。由于部分地铁站点人员密集，一旦发生突发事件，易引发拥挤踩

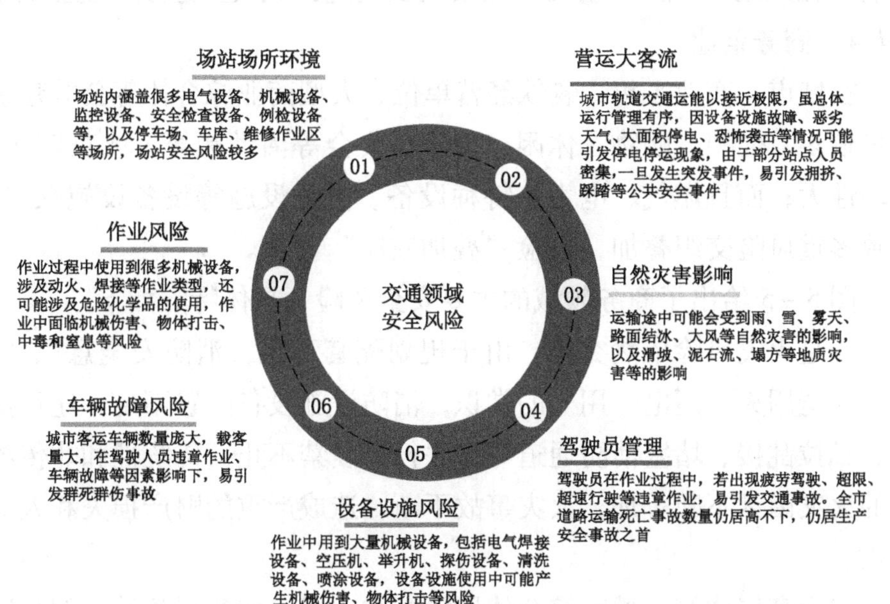

图 5－4 交通领域安全风险分析

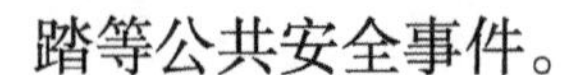

踏等公共安全事件。

三是汽车客运车辆事故风险依然存在。城市客运站分布广，涉及线路多，车辆载客量大，在驾驶人员疲劳驾驶、超速行驶、车辆故障等因素影响下，一旦发生事故，易引发群死群伤。

四是旅游客运企业风险不容忽视。目前旅游客运行业以私营企业为主，营运车辆以承包为主。承包经营模式下，企业和承包人、驾驶员之间关系比较松散，存在"以包代管"现象。在承包经营管理不力、车辆维保管理松懈等因素影响下，存在部分车辆车况不良的风险，在驾驶人员疲劳驾驶、超速行驶、车辆故障等突发情况下易引发事故。

五是危险物品的运输环节风险比较大。危险化学品装卸运输是一个动态运行的过程，在途中会受到很多动态危险源的影响。运输过程存在泄漏、燃烧、爆炸风险，且存在难以掌控的外来危险化学品运输车辆"输入型"风险，易对道路沿线及周边区域安全造成严重威胁。

5.4.4 商务企业

在城市，商业零售、餐饮经营单位、大型商业综合体等公共建筑数量较多，促销、购物、休闲、观影、集会等活动频繁，人员密集、流动性大；而且燃气、电力、特种设备、游乐设施等设备设施众多，导致多重风险交织叠加，风险"叠加效应"显著。

图 5－5 给出了商务领域的主要安全风险，具体特点如下：

一是火灾风险依然突出。由于规划配套不足，消防安全意识差，缺乏安全用火、用电、用气的常识，消防设施设备配置不足，违章搭建、私拉乱接、堵塞消防通道等违法行为屡禁不止，传统性和非传统性的火灾因素不断叠加，火灾事故不断，造成严重的财产损失和人员伤亡。

二是高层建筑、城市综合体风险渐增。城市内高层建筑、超高层建筑以及大型、超大型城市综合体数量多，其结构复杂，权属关系繁复，责任主体众多，人员密集、流动性大；而且火灾荷载大，结构布局复杂，事故源头不易迅速发现、控制，火灾产生的浓烟、热量等不易驱散排出，应急救援处置难度较大，火灾风险集中突出。

三是群体性踩踏事故风险较大。由于聚集人员众多，较难形成有效管理和控制，一旦管控不当，尤其是在商场举办展会、促销等活动期间，极易造成拥挤踩踏等事故。

四是电梯等设备安全风险不容忽视。直梯、自动扶梯等特种设备数量较多，有些特种设备因检测、维保单位数量有限而无法得到及时地检测维护，安全隐患日益积聚，安全运行条件无法得到保障。

五是用气安全风险应备受关注。近年来，餐饮企业发生多起液化石油气燃爆事故，造成多人不同程度受伤，事故反映出部分餐饮企业存在用气设备不符合标准规范、安全用气意识不足、使用非法气罐和气源等问题。

01 火灾风险依然突出

02 高层建筑、城市综合体风险渐增

03 群体性踩踏事故风险较大

04 电梯等设备安全风险不容忽视

05 用气安全风险应备受关注

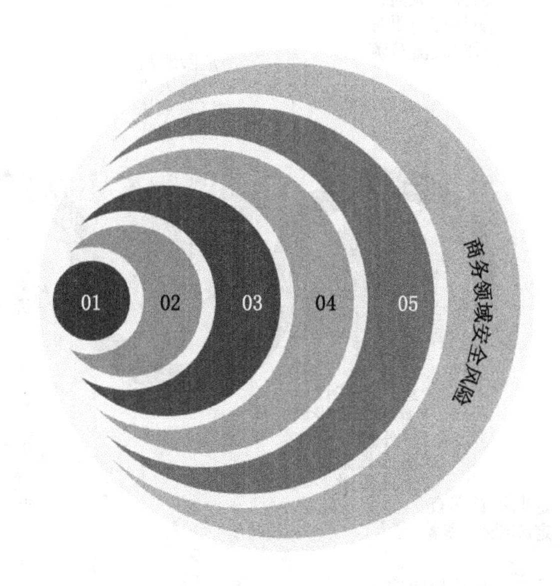

图5－5　商务领域安全风险分析

5.4.5 文化和旅游企业

近年来，随着生活水平的改善，人们对文化生活的需求也不断提高，国际化、大规模、高水平的展会、音乐文化活动等日益频繁。但这些活动同时也存在拥堵踩踏、高处坠落、机械伤害等风险。

图5-6给出了文化和旅游领域的主要安全风险，具体特点如下：

一是游乐设施安全风险突出。城市各大主题公园内的大型游乐设施结构复杂，动能势能巨大，若管理不善，易出现设备停机、脱轨、断裂等故障，造成严重的人员伤亡事故。同时，在各类公共娱乐场所散布的大量特种设备目录外的游乐设备设施，也存在高处坠落、机械伤害等事故风险。

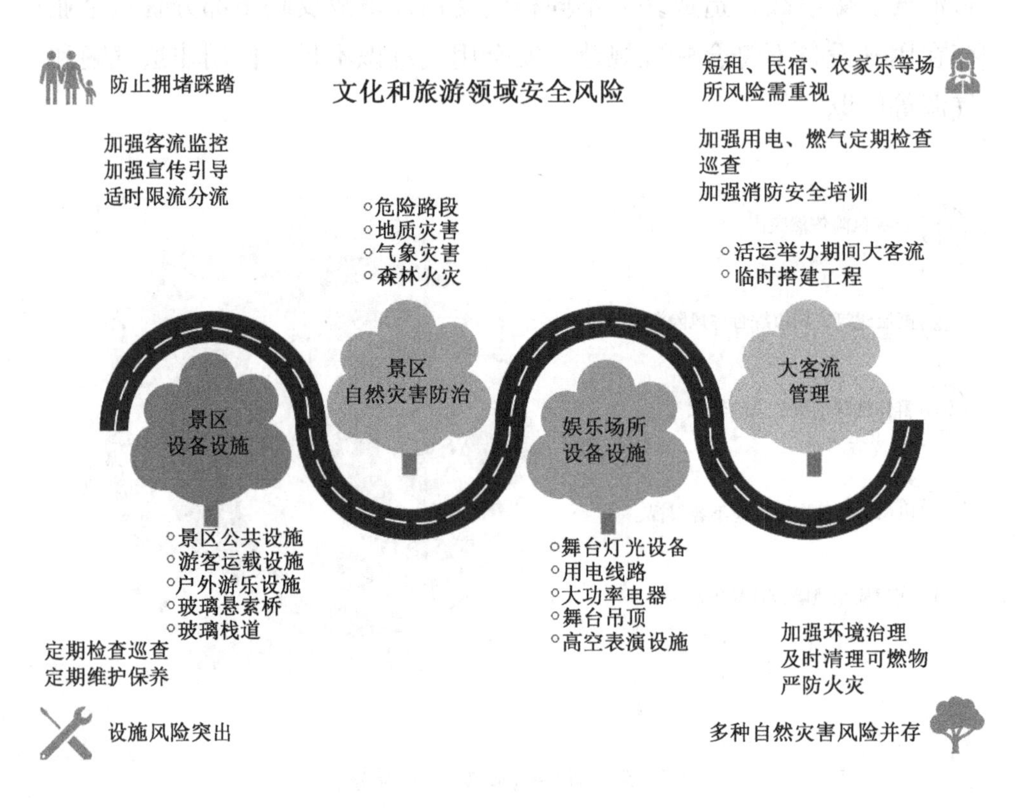

图5-6 文化和旅游领域安全风险分析

二是景区设施安全风险较高。景区公共设施、游客运载工具和户外游乐设施使用频繁，检测、维护、保养不及时等情况时有发生，导致相关设施安全性能老化下降；玻璃悬索桥、玻璃栈道等新型设备设施无统一建设安全标准，无严格的审核评估机制，安全性难以得到保证；部分经营户违规自建游乐设施，缺乏安全防护措施。

三是部分景区景点多种自然灾害风险并存。部分景区景点处于山区，危险路段、地质灾害、气象灾害、森林火灾等多种风险并在，汛期、冬春时段事故风险尤其明显。

四是短租、民宿、农家乐等场所风险需要重视。随着人们对外出郊游的喜爱，短租、民宿、农家乐等场所如雨后春笋般地发展起来，这些场所多设于普通居民住宅、小区等，无验收、无许可、无备案，安全设备设施配置不足，安全防护措施缺失，存在燃气泄漏、火灾、触电等事故风险。

5.4.6　危险化学品企业

危险化学品企业涵盖生产、经营、储存、使用等环节。危险化学品具有易燃易爆、有毒有害等危险特性，易发生火灾、爆炸、中毒和窒息等事故。事故蔓延迅速，危害严重，影响广泛。

图5－7给出了危险化学品领域的主要安全风险，具体特点如下：

一是危险化学品生产环节安全风险存在叠加效应。在大型石油化工企业以及化工企业相对集中的区域，企业空间分布相对密集，化工产品、原料数量大、品种多，安全风险“叠加效应”明显。危险化学品生产环节的风险源主要集中在企业自动化设备、安全仪表系统等重点设施，危险化学品罐区、仓库、石油库等储存部位，实验室、重大危险源等重点部位，以及高危生产活动及作业中等。

二是危险化学品经营环节火灾爆炸风险较大。危险化学品经营企业易燃易爆作业环节多，可能面临火灾、爆炸、中毒和窒息、灼烫等风险。其中，火灾、爆炸主要由明火源、火花、静电放电、性质相互抵触的物质混存、产品变质、养护管理不当等引发。中毒主要因作业人员没有佩戴防护用品，以及现场抢险人员在毒害品泄漏处置中吸入过量的毒害品等引发。

三是危险化学品使用环节潜在风险大。危险化学品使用单位涉及医疗机构、学校、科研机构、体育场馆、化工医药、水处理、电力、工业企业等。实验室事故以及医院事故暴露出高校、医院、科研机构等在涉危使用安全管理上存在着短板和漏洞。少量使用危险化学品的单位，由于精细化工工艺复杂，小试、中试不确定因素多，潜藏风险大，因管理不规范、操作不当引发事故的情况时有发生。

四是危险化学品储存环节火灾爆炸风险不容忽视。油库的高风险区域和环节主要包括罐区、中控室、消防泵房、装卸油设备设施等重

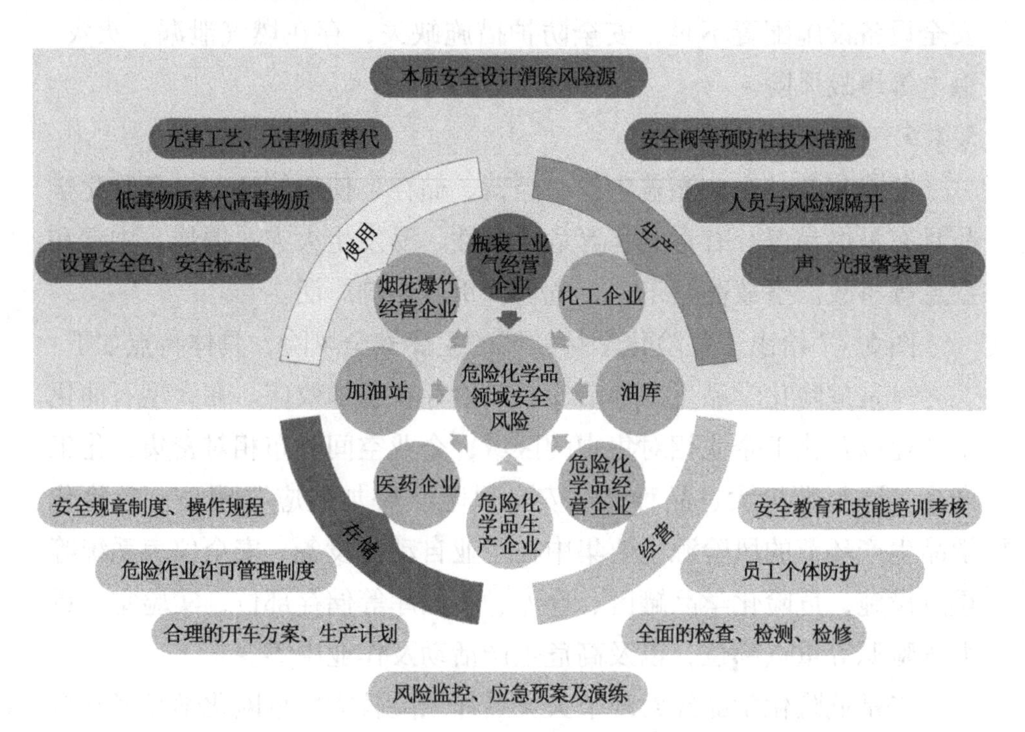

图5-7　危险化学品领域安全风险分析

点区域以及罐区检维修、收发油等相关作业流程，一旦泄漏可能面临火灾、爆炸等风险。很多企业均涉及危险化学品的储存，储存方式有库房、储存室（气瓶间、汇流排间）、专柜、储罐、移动式压力容器、管道等，应深刻吸取黎巴嫩贝鲁特港口区重大爆炸事故教训，严控危险化学品储存环节的安全风险。

5.4.7 工业企业

工业企业由于制造类型繁多、生产工艺复杂，存在厂（场）内车辆、电力和燃气设施、机械（特种）设备、压力容器、易燃可燃物质、危险化学品、可燃性粉尘和复杂作业空间等多种风险因素，涉及触电、高处坠落、机械伤害、物体打击、火灾、中毒和窒息、车辆伤害、起重伤害、淹溺、灼烫等风险类型。

图 5－8 给出了工业领域的主要安全风险，具体特点如下：

一是液氨等危险化学品使用和储存环节安全风险不容忽视。吉林省长春市宝源丰禽业有限公司“6·3”特别重大火灾爆炸事故等暴露出部分工业企业在危险化学品的使用和储存环节，在安全管理上存在管理不规范、操作不当等短板和漏洞。

二是粉尘爆炸事故风险较高。近年来工业企业中的粉尘爆炸事故频发，2014 年江苏昆山发生的“8·2”特别重大铝粉粉尘爆炸事故、2015 年内蒙古呼伦贝尔发生的“1·31”人造板爆燃事故、2016 年广东深圳发生的“4·29”粉尘爆炸事故等给我们敲响了警钟。涉爆粉尘企业的安全风险源主要集中在通风除尘装置、探测报警装置、电气设备及线路、现场使用工具等，企业应强化粉尘作业场所用电安全管理和粉尘生产、输送、收集等环节的安全管控。

三是车间仓库火灾事故风险依然突出。工业企业车间仓库内易燃易爆物品种类繁多，火灾荷载密度大，一旦消防安全管理薄弱，区域火灾风险等级将会升高；部分大型厂房、仓储类企业存在违章搭建现象，防火间距不够，消防设施、消防水源缺乏，电气线路私拉乱接，陈旧老化严重，容易发生火灾群死群伤事故。

四是生产用特种设备风险较大。企业使用着大量的锅炉、压力容器、起重机械、场（厂）内机动车辆、电梯等特种设备，特种设备检测检验和维修保养不及时、从业人员违规违章操作等，易引发爆炸、物体打击、高处坠落、机械伤害等事故。

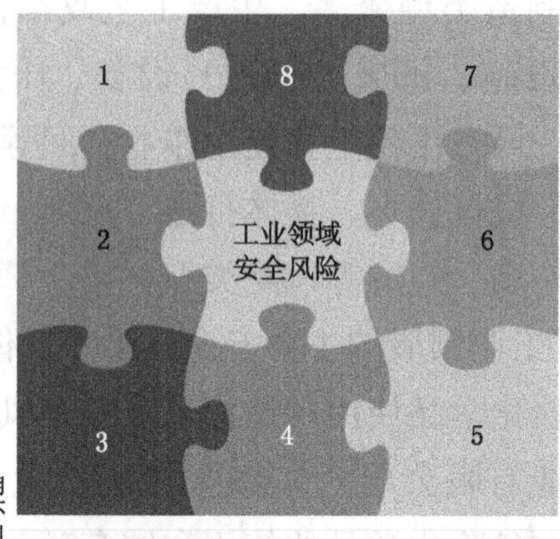

图 5－8　工业领域安全风险分析

5.4.8　体育企业

体育行业整体安全风险低，低风险源和一般风险源占比较多。较大安全风险源涉及的风险类型主要是火灾、触电、拥挤踩踏、滑倒、淹溺、高处坠落等。

图 5－9 给出了体育领域的主要安全风险，具体特点如下：

一是大型群众性活动安全风险日益突出。国际化、大规模、高水平的体育赛事活动日益频繁，活动场所特种设备、临时搭建工程多，参与人员、车辆数量大，加之部分大型活动主办方安全管理能力不足，现场管理不到位，大客流管理、人员疏散应急准备不充分，人流、车流管控措施不到位，易发生人员大量滞留、临时搭建工程垮塌、拥挤踩踏等事故。

二是体育设施安全风险明显。城市各大场所的大型体育设施，因检测、维护、保养不及时等管理不善，易导致相关设施安全性能老化下降；部分新型设备设施无统一建设安全标准，无严格的审核评估机制，安全性难以得到保证，存在高处坠落、机械伤害等事故风险。

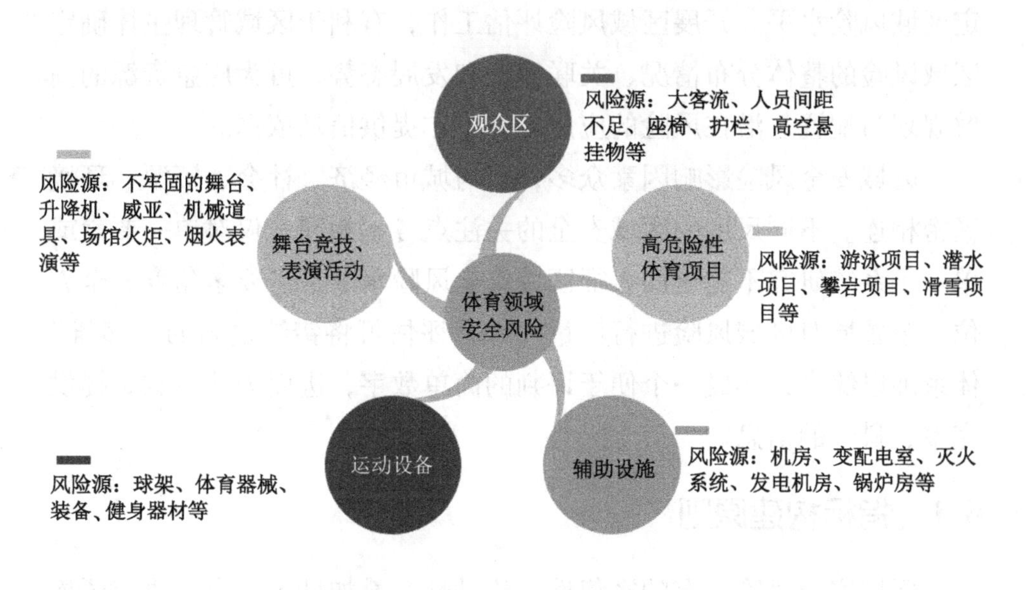

图 5-9 体育领域安全风险分析

6 区域综合安全风险评估

区域综合安全风险评估是在企业点位风险和整体风险评估基础之上，综合考量区域内固有风险、应急能力、监管能力等因素，综合确定区域风险水平。开展区域风险评估工作，有利于区域管理主体确定区域风险的整体分布情况、关联情况和发展态势，可为应急资源的高效规划与配置、潜在风险的应急准备工作提供信息依据。

区域安全风险影响因素众多，且与城市经济、社会、资源、环境紧密相连。不同尺度的区域安全的关注点各不相同，仅对单一要素或单一子系统研究不能全面表征区域安全风险水平，需要多角度、全方位、全领域对区域风险进行考量。综合评估可将错综复杂的“多维”体系加以综合，形成一个便于评判的简单数字，进而为政策制定提供完整、科学的信息。

6.1 指标构建原则

区域安全风险具有的密集性、流动性、叠加性等特点，决定了构建区域综合安全风险评估指标体系是一项复杂的系统工程。区域综合安全风险指标体系构建必须把握以下几个重要原则。

1. 科学性原则

所谓科学性，是指一门学科所具有的对象的客观性、规律的重复性、理论的可检验性、理论体系的逻辑严谨性。这是自然科学和社会科学对科学性的广义定义。就区域综合安全风险评估指标体系的构建而言，既要符合以上几个方面的要求，又要符合区域安全风险自身特

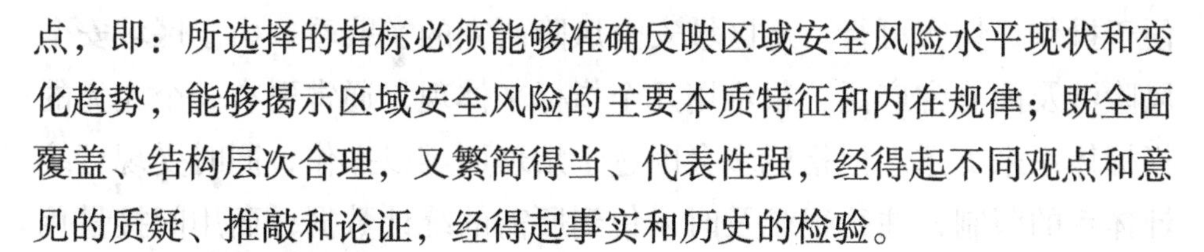

点，即：所选择的指标必须能够准确反映区域安全风险水平现状和变化趋势，能够揭示区域安全风险的主要本质特征和内在规律；既全面覆盖、结构层次合理，又繁简得当、代表性强，经得起不同观点和意见的质疑、推敲和论证，经得起事实和历史的检验。

2. 客观性原则

所谓客观性，是指所选择的指标必须尽可能与区域安全风险的客观实际相吻合，符合区域安全风险发展演变规律。进入指标体系的各种数据，要尽可能使用直接数据，少用含有主观判断因素的间接数据。所选用的各种基础数据，尽可能是统计部门和专业部门所发布的统计数据（具有较强的权威性和可靠性）。

3. 系统性原则

所谓系统性，是指整个系统既具有多样性，层次分明，各个组成部分相对独立；又具有完整性，内在逻辑严密，彼此相互依存、缺一不可。区域综合安全风险评估指标体系是一系列相互联系、相互影响、相互作用、不可或缺的区域安全风险影响要素构成的有机整体，涉及区域内众多行业，是一个复杂的系统工程。

4. 公正性原则

所谓公正性，是指区域综合安全风险评估指标体系构建要公开、透明、正确。指标体系的使用应有透明、公开的程序，做到指标体系和统计数据公开，指标量化和转化公开，评价程序和过程公开，评价结果公开。无论何人只要掌握了统计数据，都可以根据指标体系和数学模型进行测算，并且能够得出相同的评价结论。同时，所有评价的资料都必须长期存档备查，以防止指标体系和数学模型偏向于某个或某些特定对象，使评价结果有失偏颇和公平，确保对区域安全风险评估过程和结果都能够公开、公正。

5. 可行性原则

所谓可行性，是指所建立的区域综合安全风险评估指标体系必须

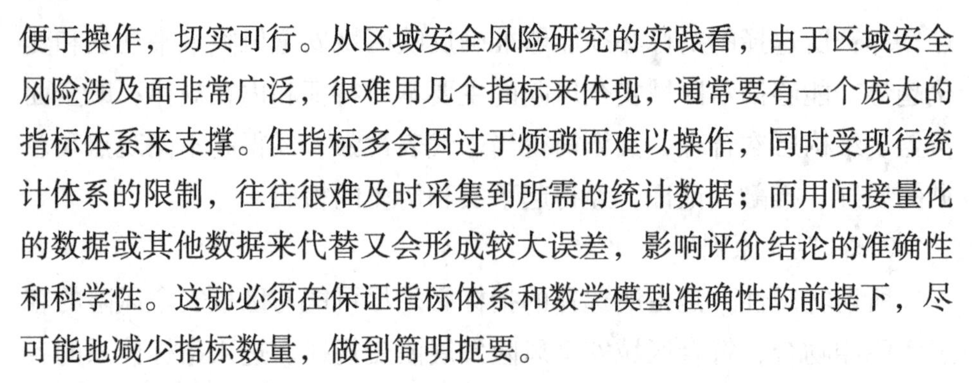

便于操作，切实可行。从区域安全风险研究的实践看，由于区域安全风险涉及面非常广泛，很难用几个指标来体现，通常要有一个庞大的指标体系来支撑。但指标多会因过于烦琐而难以操作，同时受现行统计体系的限制，往往很难及时采集到所需的统计数据；而用间接量化的数据或其他数据来代替又会形成较大误差，影响评价结论的准确性和科学性。这就必须在保证指标体系和数学模型准确性的前提下，尽可能地减少指标数量，做到简明扼要。

6. 可比性原则

所谓可比性，是指所要构建的区域综合安全风险评估指标体系必须既能对区域内安全风险水平进行客观评价和横向比较，又能对不同时间段的风险水平进行纵向比较。一个区域安全风险只同自己的过去相比、只从过去和现在来预测未来发展趋势，是不完全的；还要能与其他区域的安全风险进行比较，这样的“比较”才全面。此外，由于指标体系和数学模型中需要有不同类型的统计数据来多方面表征区域安全风险水平，必须对这些指标进行前处理，使之具有统一性和可比性。

综上所述，科学性、客观性、系统性、公正性、可行性、可比性原则，是建立区域综合安全风险评估指标体系及数学模型的重要保证，也是正确、有效地进行区域安全风险水平研究的前提条件，应当始终遵循。

6.2 指标体系构建

区域是一个非常复杂且相互紧密关联的系统。系统的一个重要特征就是具有层次性。区域综合安全风险评估指标体系是由若干同一层次、不同属性的功能团以及不同层次、属性各异的功能团组成。某一功能团又由一组基本指标组成。功能团的选择，决定了指标体系的结构框架，是指标体系成功与否的关键。在选择区域安全风险评估全面且精炼的功能团指标之前，需首先深入了解风险概念的内涵与外延、风险评估理论基础、区域风险影响因素与产生原因等。在具体基础指标的选择上，优先选取概括性强、代表信息量大、获取性强的指标。

根据区域安全风险的构成特点，基于风险理论和统计学原理，利用主成分分析法、相关性分析法和数据提取技术，遵循科学性、客观性、系统性、公正性、可行性、可比性的基本原则，建立了一个由三层指标构成的区域综合安全风险评估指标体系。指标体系的构建原理如图 6－1 所示。区域综合安全风险评估指标体系是以降低安全事故为目标，以管控固有风险为重点，以促进发展应急能力、监管能力、

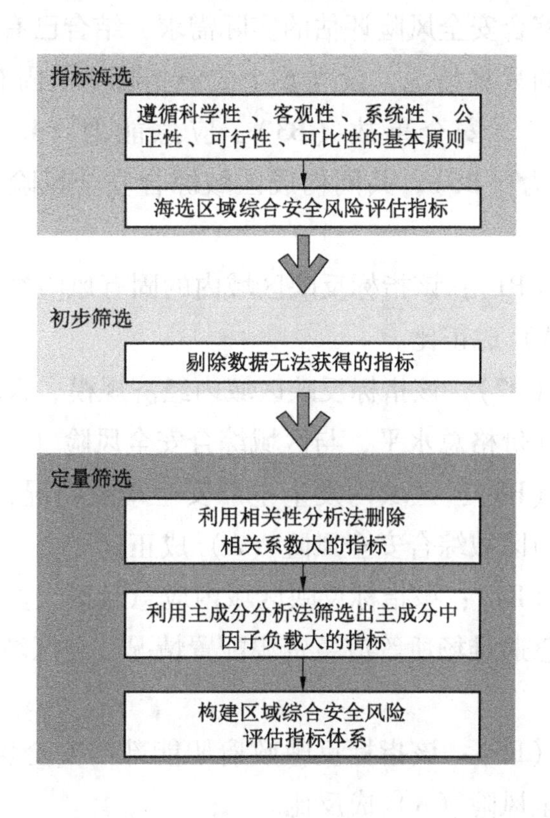

图 6－1 区域综合安全风险评估指标体系构建原理

发展潜力等为出发点，由绝对与相对相结合的众多定量要素构成的系统。

指标是反映系统总体现象的特定概念和具体数值的综合，包括指标名称和指标数值两部分，是从数量方面来描述系统的属性或特征。构建科学合理的指标体系是城市区域综合安全风险评估的重要内容。

1. 一级指标的选定

城市区域综合安全风险评估指标体系一级指标 1 个，即区域综合安全风险（A），其是衡量评价区域安全风险高低的综合性指标。

2. 二级指标的选定

根据区域综合安全风险评估的实际需求，结合已有城市风险评估工作基础数据的采集情况，设立 6 个二级指标——固有风险（B1）、区域经济（B2）、安全事故（B3）、应急能力（B4）、监管力量（B5）、发展潜力（B6），共同构成区域综合安全风险评估指标体系的主体框架。

固有风险（B1）：该指标反映区域内的固有风险容量，与区域综合安全风险（A）成正比。

区域经济（B2）：该指标反映区域内经济规模、人均经济发展水平、经济结构和价格总水平，与区域综合安全风险（A）成反比。

安全事故（B3）：区域内发生生产安全事故情况，如人员伤亡、财产损失等，与区域综合安全风险（A）成正比。

应急能力（B4）：该指标反映区域内应急救援人员配备情况以及消防站点、应急避难场所等应急资源配置情况，与区域综合安全风险（A）成反比。

监管能力（B5）：该指标反映政府职能部门安全生产监管水平，与区域综合安全风险（A）成反比。

发展潜力（B6）：该指标属先行指标，可对未来区域安全风险产

生影响，与区域安全风险（A）成反比。

3. 三级指标的选定

在区域综合安全风险评估指标体系中，二级指标处于承上启下的位置，属于合成性指标。区域综合安全风险评估指标体系还需要有一组能够充分反映和代表其性质、作用的基础性指标，这组指标是否客观、准确和具有代表性，直接决定着对城市区域综合安全风险评估的真实性和准确性。根据二级指标的范围界定，选定28个指标数据作为三级指标，它们分属于不同的二级指标。

（1）固有风险下设风险源数量、重大风险源数量、Ⅰ级和Ⅱ级整体风险等级生产经营单位占比、脆弱性目标数量、重要目标数量、人员密集场所数量、老旧危房数量、在建房屋建筑工程项目建筑面积、地质灾害点位数量、区域人口密度10个三级指标。

（2）区域经济下设税收总额1个三级指标。

（3）安全事故下设生产安全事故起数、生产安全事故死亡人数、亿元国内生产总值生产安全事故死亡率、工矿商贸十万从业人员死亡率、道路交通万车死亡率、火灾十万人口死亡率6个三级指标。

（4）应急能力下设应急救援人员承载密度、消防站点承载密度、应急避难场所面积3个三级指标。

（5）监管力量下设应急管理人员配备率、安全监管监察检查率、安全监管监察查处率、安全监管监察处罚率4个三级指标。

（6）发展潜力下设安全与应急专项资金投入，标准化达标企业覆盖率，安全社区建设覆盖率，主流媒体、区（市）县政府网站上刊登的安全类报道数量4个三级指标。

需注意的是，上述三级指标并非全部可直接获取数据，部分指标由若干个具体的原始指标通过计算得到。例如：脆弱性目标数量为区域内学校（中小学、幼儿园）、医院、养老院的总数；应急救援人员承载密度为区域内消防员、森林消防员、医护人员、专职应急救援队伍人员、企业应急救援队伍人员总数与区域内常住人口的比值；安全监管监察检查率为区域应急管理部门、消防部门、交通管理部门、建筑管理部门等负有安全生产监督管理职责的政府部门对生产经营单位开展安全检查工作的总次数与区域内生产经营单位总数的比值。

区域综合安全风险评估指标体系如图 6-2 所示。

6.3 评估模型

综合评价方法发展到今天，种类已比较丰富。根据所采用理论的数量可分为单一评价和组合评价，其中，单一评价主要包括基于灰色系统理论的评价方法、基于模糊集与粗糙集理论的评价方法、基于数据包络分析（DEA）的评价方法、基于结构方程模型（SEM）的评价方法、基于统计学习理论（SLT）的评价方法。本节基于 DEA 方法，提出了一种基于客观数据评价城市区域安全风险水平的方法。该方法不仅可用于评价同一时间不同区域（横向）的安全风险水平，还可评价同一区域不同时间（纵向）的安全风险水平变化情况。通过对影响区域安全风险高低的优势因素、劣势因素进行分析评价，实施相应的激励与约束措施，可以加强各级政府职能部门对风险管控的针对性，推进企业安全生产主体责任的落实。

6.3.1 数据预处理

纵观区域综合安全风险评估指标体系三级指标的原始指标数值，可发现不同指标的数值相差很大。为了能够将不同数值范围的三级指标进行加权得到二级指标，要对三级指标的原始指标数值进行归一化处理，将同一、二级指标所属不同的三级指标数值转换到同一数量级（0 到 1 之间），以消除变量的量纲不同对评价结果的影响；对所选三级指标中反向指标进行正向化处理，避免反向指标对评价结果的不合理影响。

基于对已收集的三级指标原始数据的分析，现提出四种不同的预

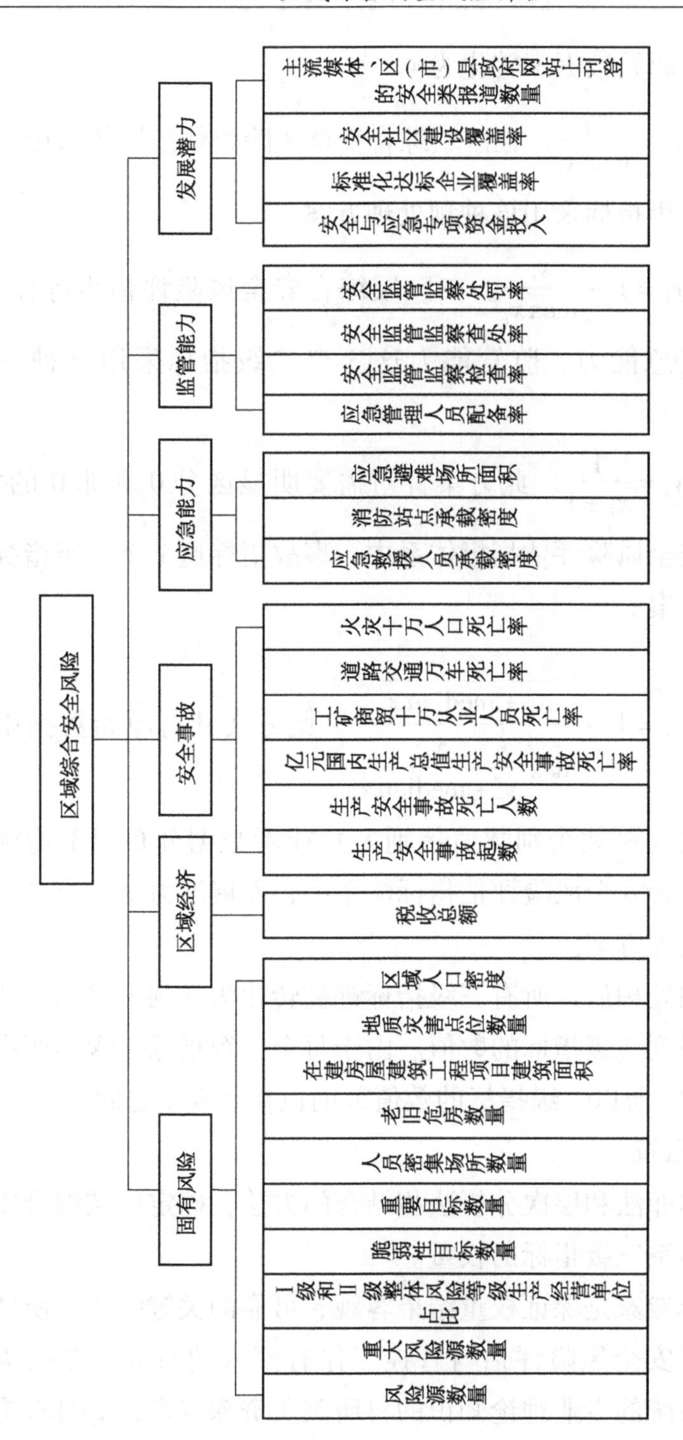

图6－2　区域综合安全风险评估指标体系

处理方案来将原始数据 x 转化为 y。

方案1：$y_i = \frac{x_i}{\max x_i}$。在区域综合安全风险评估指标体系中，固有风险这1个二级指标采用该种预处理方案。

方案2：$y_i = 1 - \frac{x_i}{\max x_i}$。在区域综合安全风险评估指标体系中，区域经济、应急能力、监管能力这3个二级指标采用该种预处理方案。

方案3：$y_i = \frac{1}{x_i + 1}$。此方案针对需要明显区分0和非0的指标。在区域综合安全风险评估指标体系中，事故指标这1个二级指标采用该种预处理方案。

方案4：$y_i = 1 - \frac{\frac{x_i}{x_i + \mathrm{median}\, x_i}}{\max \frac{x_i}{x_i + \mathrm{median}\, x_i}}$。此方案针对原始数据中可能出现异常情况（例如个别数值特别大）或者数据分布很不均衡的指标。在区域综合安全风险评估指标体系中，发展潜力这1个二级指标采用该种预处理方案。

在数据预处理后，所有三级指标都被转化为0到1之间，然后通过加权求和得到二级指标的数值。由于每个二级指标包含的所有指标权重之和为1，所以二级指标的数值范围也在0到1之间。

6.3.2 指标赋权

采用德尔菲法和层次分析法相结合的方法，确定区域综合安全风险评估指标体系三级指标的权重。

合理选择专家是保证权重结果客观、可靠的关键一步。所选的专家应当对城市安全风险评估与管控工作有深入的研究。专家遴选标准：①具有系统的专业理论知识的科研院所资深专家；②具有丰富实

际工作经验的政府行业管理部门领导干部和一线执法人员；③对本模型具有一定的积极性，且遵循知情同意和自愿的原则。

按照德尔菲法的要求进行专家咨询。被邀请参加咨询的专家互不见面，姓名保密，通过传递调查表进行意见交换。采用匿名咨询的方式可使专家打消思想顾虑，进行独立思考，不会出现专家会议的易屈服权威和大多数人的意见，以及碍于情面，不愿公开发表自己意见的情况。

请专家依据 Satty 的 9 级标度法对三级指标的重要性进行两两比较，根据专家组对同一层次中各指标的重要性进行比较赋值，得到两两比较判断矩阵，并通过一致性检验。待计算出每一位专家对三级指标的权重后，再计算出所有专家对同一指标权重的算术平均数，进而得出代表专家群体意见的综合权重。三级指标权重具体数值见表 6－1。

表 6－1　区域综合安全风险评估指标体系表

一级指标	二级指标	三级指标	权重	单位
区域综合安全风险	固有风险	风险源数量	0.10	个
		重大风险源数量	0.25	个
		Ⅰ级和Ⅱ级整体风险等级生产经营单位占比	0.15	%
		脆弱性目标数量	0.07	个
		重要目标数量	0.10	个
		人员密集场所数量	0.08	个
		老旧危房数量	0.03	个
		在建房屋建筑工程项目建筑面积	0.08	km^2
		地质灾害点位数量	0.10	个
		区域人口密度	0.04	万人/km^2
	区域经济	税收总额	1.00	亿元

表 6-1（续）

一级指标	二级指标	三级指标	权重	单位
区域综合安全风险	安全事故	生产安全事故起数	0.35	起
		生产安全事故死亡人数	0.45	人
		亿元国内生产总值生产安全事故死亡率	0.05	%
		工矿商贸十万从业人员死亡率	0.05	%
		道路交通万车死亡率	0.05	%
		火灾十万人口死亡率	0.05	%
	应急能力	应急救援人员承载密度	0.40	%
		消防站点承载密度	0.40	个/km^2
		应急避难场所面积	0.20	km^2
	监管能力	应急管理人员配备率	0.40	%
		安全监管监察检查率	0.15	%
		安全监管监察查处率	0.20	%
		安全监管监察处罚率	0.25	%
	发展潜力	安全与应急专项资金投入	0.30	万元
		标准化达标企业覆盖率	0.25	%
		安全社区建设覆盖率	0.25	%
		主流媒体、区（市）县政府网站上刊登的安全类报道数量	0.20	条

6.3.3 指数计算

1. 决策单元的选择

将参与 DEA 评价的对象称为决策单元，即目标时间段的各个目标区域。

2. 输入指标、输出指标的确定

根据二级指标与一级指标两者间的关系，将二级指标划分为 DEA 模型的输入指标和输出指标。当二级指标是城市区域安全风险的影响因素，即这些指标反映了城市风险管理工作的客观条件和客观环境时，该类指标被定义为输入指标；当指标反映的是城市风险管理工作的结果时，该类指标被定义为输出指标。

DEA 模型对输入指标和输出指标的数量有一定的要求。经验表明，指标数量太多会影响 DEA 模型的有效性和可用性，因此，指标不宜过多。若某些指标有较强的相关性，也不宜作为 DEA 模型的输入指标或输出指标。因此，本节将区域综合安全风险评估指标体系的 6 个二级指标划分为输入指标或输出指标，即将固有风险、区域经济、应急能力、监管力量、发展潜力定义为输入指标，将安全事故定义为输出指标。

3. 模型的构建

区域综合安全风险评估模型采用 DEA－BCC 模型。

综合评估模型的目标函数为

$$\min z = \sum_{in=1}^{X} u_{in}^{p_0} x(in, p_0) + b_0 \tag{6-1}$$

预设约束条件为

$$\begin{aligned} s.t.\quad & \sum_{out=1}^{Y} w_{out}^{p_0} y(out, p_0) = 100 \\ & \sum_{in=1}^{X} u_{in}^{p_0} x(in, p) + b_0 \geqslant \sum_{out=1}^{Y} w_{out}^{p_0} y(out, p), \quad p = 1, 2, \cdots, N \\ & u_{in}^{p_0},\ w_{out}^{p_0} \geqslant 0.001, \quad \forall\, in, out, p_0 \end{aligned} \tag{6-2}$$

式中　z——决策单元的效率值；

X——输入指标的个数；

$x(in, p_0)$——目标区域 p_0 在目标时间段内第 in 个输入指标；

$u_{in}^{p_0}$——$x(in, p_0)$的权重；

b_0——松弛变量；

Y——输出指标的个数；

$y(out, p_0)$——目标区域 p_0 在目标时间段内第 out 个输出指标；

$w_{out}^{p_0}$——$y(out,p_0)$的权重；

$x(in,p)$——区域 p 在目标时间段内第 in 个输入指标；

$y(out,p)$——区域 p 在目标时间段内第 out 个输出指标；

N——城市内区域个数。

设 z^* 为式（6－1）的效率最优值，则目标区域在目标时间段内的区域综合安全风险指数 SI_{p_0} 为

$$SI_{p_0} = \frac{100}{z^*} \tag{6-3}$$

基于 AHP 和 DEA 的区域综合风险安全评估模型研究目的：一是确定城市内目标区域在各时间段内的区域综合安全风险指数，进而评判城市内各区域安全风险水平，找出目标区域哪些时段安全风险高，哪些时段安全风险低，并挖掘其原因；二是通过目标设定（Target Setting）方法，给出这些安全风险相对高的目标区域通过改进工作能达到的更高水平，从而为这些目标区域的风险管控工作提供指导性信息。

区域综合安全风险评估模型［式（6－1）］对偶问题的目标函数为

$$\max 100\theta + 0.001\left(\sum_{in=1}^{X} r_{in} + \sum_{out=1}^{Y} s_{out}\right) \tag{6-4}$$

对偶问题的约束条件具体为

$$\begin{aligned}
s.t.\quad & \sum_{p=1}^{N} x(in,p)\lambda_p + r_{in} = x(in,p_0),\quad in = 1,2,\cdots,X \\
& \theta y(out,p_0) - \sum_{p=1}^{N} y(out,p)\lambda_p + s_{out} = 0,\quad out = 1,2,\cdots,Y \\
& \sum_{p=1}^{N} \lambda_p = 1 \\
& \lambda_p \geqslant 0,\quad \forall p;\quad r_{in} \geqslant 0,\quad \forall in;\quad s_{out} \geqslant 0,\quad \forall out
\end{aligned} \tag{6-5}$$

其中，θ，r_{in}，s_{out}，λ_p 均为对偶问题的变量。

通过求解对偶问题的目标函数，确定各输入指标对应的目标值以及各输出指标对应的目标值，即首先求解式（6－4），得到 λ_p 的最优解 λ_p^*，然后基于 λ_p 的最优解 λ_p^* 确定各输入指标对应的目标值 $x'(in,p_0)$ 以及各输出指标对应的目标值 $y'(out,p_0)$。其中，$x'(in,p_0)$ 和 $y'(out,p_0)$ 可通过式（6－6）、式（6－7）计算得到。

$$x'(in,p_0) = \sum_{p=1}^{N} x(in,p)\lambda_p^*,\quad in = 1,2,\cdots,X \qquad (6-6)$$

$$y'(out,p_0) = \sum_{p=1}^{N} y(out,p)\lambda_p^*,\quad out = 1,2,\cdots,Y \qquad (6-7)$$

$x'(in,p_0)$、$y'(out,p_0)$ 是某区域 p_0 在给定时间段内，区域安全风险水平按最大增长率所应达到的最佳水平。

确定 $x'(in,p_0)$、$y'(out,p_0)$ 后，根据 $x'(in,p_0)$ 以及 $x(in,p_0)$，即可通过式（6－8）确定目标区域在目标时间段内的投入冗余量 L_1；根据 $y'(out,p_0)$ 以及 $y(out,p_0)$，即可通过式（6－9）确定目标区域在目标时间段内的产出不足量 L_2。

$$L_1 = \frac{x(in,p_0) - x'(in,p_0)}{x(in,p_0)} \qquad (6-8)$$

$$L_2 = \frac{y'(out,p_0) - y(out,p_0)}{y(out,p_0)} \qquad (6-9)$$

需要注意的是，由于对输出指标的权重作了限制，产出不足率可能出现负数（表示该决策单元在这个输出指标上的表现较好），只需改进其他指标即可达到最佳水平。

4. 结果输出

根据输入指标和输出指标数据，来评估目标区域在各目标时段的安全风险高低，判定出影响目标区域安全风险水平的优势因素和劣势因素，指明区域安全风险管控工作的发展方向。

6.4 实证研究

6.4.1 研究对象与数据来源

区域综合安全风险评估的基础是客观数据，数据来源的权威性和客观性是保证风险评估质量的前提。为了保证区域综合安全风险原始指标数据、统计方法和统计口径的一致性和可比性，本节逐一理清了三级指标原始数据来源，规范了数据报送流程，统一了数据采集标准，明确了统计指标名称、含义及统计范围。本节使用的数据来源于某市政府相关部门定期填报数据（季度数据、年报数据）以及城市安全风险信息管理系统实时动态数据。

考虑到数据获取的可行性和相对完整性，对某市区域综合安全风险评估的研究时间节点选取某年第四季度和次年第一季度、第二季度、第三季度、第四季度共五个断面。

6.4.2 区域综合安全风险指数结果

应用区域综合安全风险评估 DEA 模型，分别计算了某市连续 5 个季度的区域综合安全风险指数，见表 6 - 2。

表 6 - 2　区域综合安全风险指数一览表

行政区	某年第四季度	次年第一季度	次年第二季度	次年第三季度	次年第四季度
区域 1	0.802	0.799	0.813	0.832	0.750
区域 2	0.896	0.863	0.855	0.890	0.908
区域 3	0.907	0.789	0.736	0.815	0.819
区域 4	0.495	0.769	0.615	0.489	0.490
区域 5	0.784	0.507	0.745	0.742	0.507
区域 6	0.547	0.828	0.800	0.848	0.839

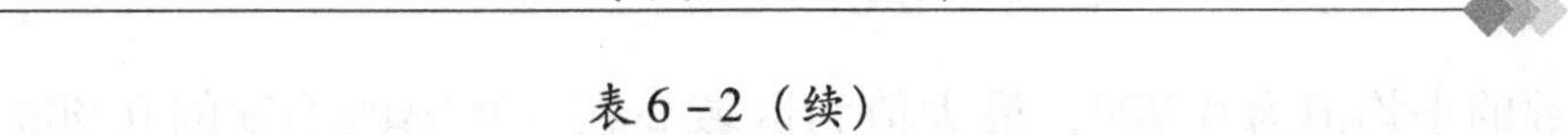

表6-2（续）

行政区	某年第四季度	次年第一季度	次年第二季度	次年第三季度	次年第四季度
区域7	0.733	0.487	0.729	0.719	0.721
区域8	0.776	0.725	0.669	0.669	0.704
区域9	0.734	0.706	0.645	0.759	0.111
区域10	0.870	0.801	0.804	0.832	0.800
区域11	0.503	0.807	0.724	0.689	0.497
区域12	0.774	0.488	0.775	0.799	0.832
区域13	0.842	0.644	0.746	0.638	0.638
区域14	0.748	0.766	0.826	0.821	0.846
区域15	0.851	0.510	0.832	0.813	0.738
区域16	0.703	0.739	0.762	0.739	0.779
区域17	0.704	0.728	0.779	0.791	0.807
区域18	0.228	0.000	0.000	0.000	0.495
区域19	0.854	0.507	0.789	0.802	0.885
区域20	0.854	0.813	0.817	0.859	0.867
区域21	0.706	0.759	0.748	0.761	0.734
区域22	0.853	0.512	0.719	0.743	0.512

6.4.3 区域综合安全风险指数应用与分析

1. 大部分区域综合安全风险水平有待降低

涉及的区域中，只有区域18在次年第一季度、第二季度、第三季度的区域综合安全风险指数为0，占2.73%。区域综合安全风险指数的平均值为0.709，最大值为区域2在次年第四季度的0.908。可以看出，该市各区域的综合风险管控能力有待进一步提高。

2. 不同区域各季度风险水平相差较小

将该市不同区域综合安全风险评估结果分成4类，见表6－3。区域综合安全风险指数频率分布直方图如图6－3所示。

表6－3 区域综合安全风险指数分布

指数范围	0～0.4	0.4～0.6	0.6～0.8	0.8～1
数量/个	5	15	53	37
所占百分比/%	4.55	13.63	48.18	33.64

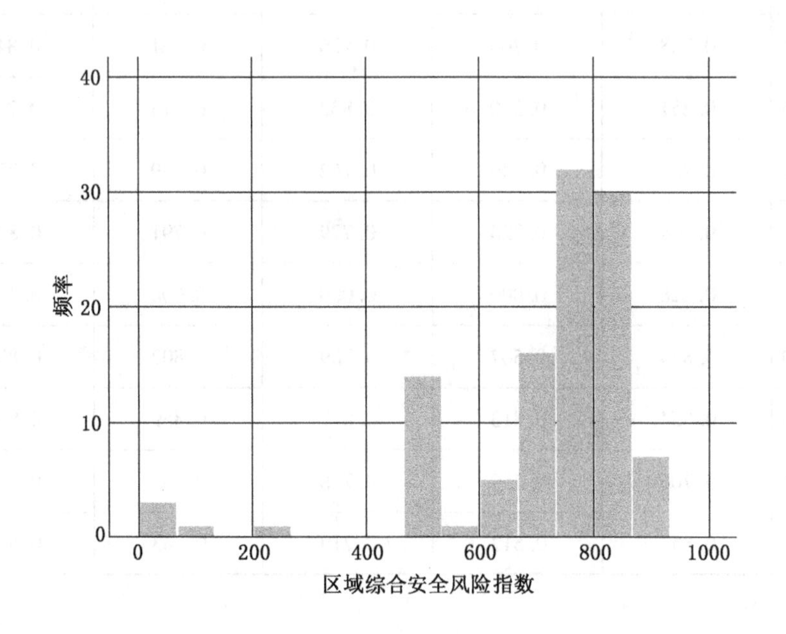

图6－3 区域综合安全风险指数频率分布直方图

从表6－3和图6－3可以看出，某年第四季度和次年4个季度各区域综合安全风险指数差距较小（标准偏差0.18），分布较为集中，

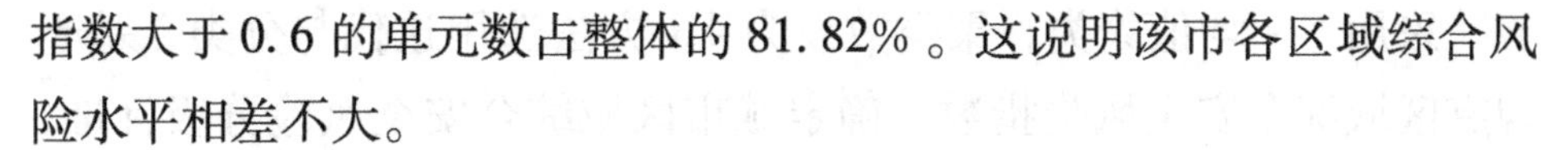

指数大于0.6的单元数占整体的81.82%。这说明该市各区域综合风险水平相差不大。

3. 区域综合安全风险指数排名波动分析

度量区域综合安全风险指数排名的波动情况，最有效的方法是计算各区域在一个时期内排名的波动。用评价期间最高排名和最低排名之间的差额，反映各区域在此期间的排名波动，也能在一定程度上反映区域综合安全风险及风险管控水平的稳定性和持续性。

图6-4列出了该市区域次年第四季度区域综合安全风险指数排名和某年第四季度区域综合安全风险指数排名的升降情况。

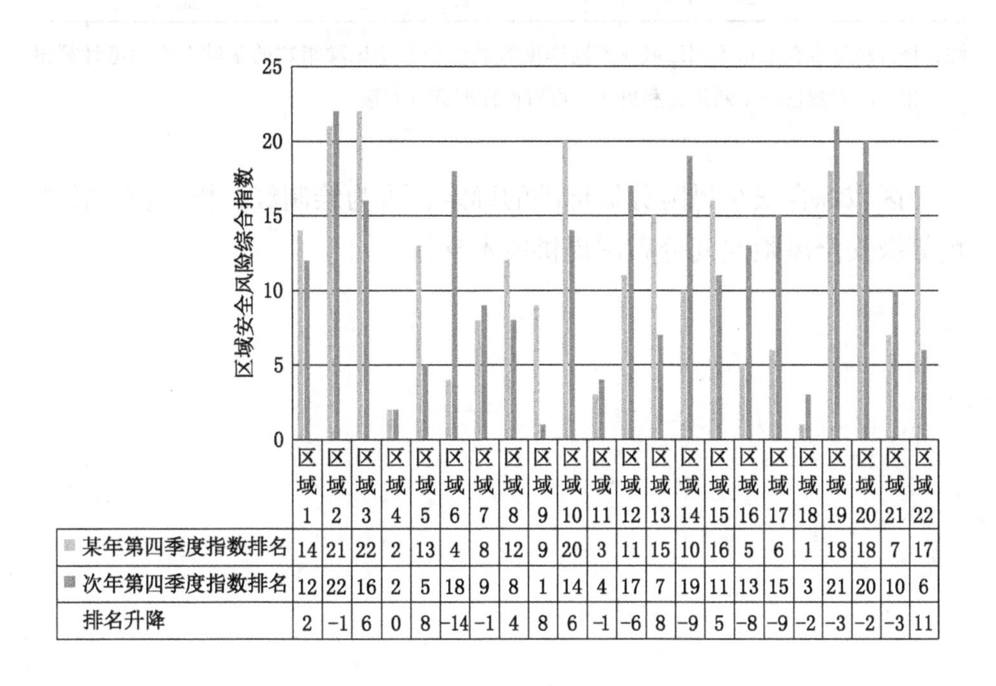

	区域1	区域2	区域3	区域4	区域5	区域6	区域7	区域8	区域9	区域10	区域11	区域12	区域13	区域14	区域15	区域16	区域17	区域18	区域19	区域20	区域21	区域22
某年第四季度指数排名	14	21	22	2	13	4	8	12	9	20	3	11	15	10	16	5	6	1	18	18	7	17
次年第四季度指数排名	12	22	16	2	5	18	9	8	1	14	4	17	7	19	11	13	15	3	21	20	10	6
排名升降	2	-1	6	0	8	-14	-1	4	8	6	-1	-6	8	-9	5	-8	-9	-2	-3	-2	-3	11

图6-4 某市第四季度区域综合安全风险指数排名分布图

4. 基于区域综合安全风险指数制定城市区域综合安全风险分级标准

采用K-均值聚类，聚类数设为4，方法选用迭代与分类，基于现有区域综合安全风险指数，确定城市区域综合安全风险分级标准，见表6-4。

表6-4 城市区域综合安全风险分级标准

城市区域综合安全风险指数	风险等级	安全风险四色图
SI>0.87	重大	红
0.66<SI≤0.87	较大	橙
0.26<SI≤0.66	一般	黄
SI≤0.26	低	蓝

注：该分级标准在某市不同区域、不同季度区域综合安全风险指数的基础上由模型计算得出，随着数据的不断扩充和更新，可对该标准进行调整。

区域综合安全风险分级标准的确定，可为绘制红、橙、黄、蓝四色等级安全风险空间分布图提供技术支撑。

7 安全风险评估信息化实践

城市安全风险评估涉及企业、政府等单位，工作量大，且上报数量繁多，为在线支持安全风险评估工作，确保安全风险评估工作的顺利进行，应面向安全监管服务城市运行安全战略定位，设计安全风险信息化应用服务系统，促进新一代信息技术在城市运行安全的资源聚集和共享，提升工作效率。

7.1 架构设计

按照“易于操作、便于管理”的原则，整合现有信息管理系统功能，基于“一个平台”“一套标准”“一本台账”“一个中心”的设计理念，利用安全生产大数据、云计算、地理信息、二维码等技术，全面引入先进的风险管理理念和方法，并与安全监管工作实际相结合，设计城市安全风险服务系统。该系统可为安全风险辨识、上报、评估及管控等闭环管理工作提供有力支撑。

“一个平台”，是指统一用户访问地址、系统登录方式和用户办理方式，实现对相关企业的统一平台服务。“一套标准”，是指遵循统一的基础标准，确定系统统一建设、下属单位组织应用的工作格局。“一本台账”，是指不单独设置企业基础台账管理模块，企业基础台账管理交由既有平台统一完成。“一个中心”，是指全部数据都将接入统一的数据中心进行管理和使用。

城市安全风险信息管理系统由单位管理、风险一张图、风险评估、应急管理等构成，总体架构包含应用层、业务支撑层、数据层和基础设施层，具体如图 7－1 所示。

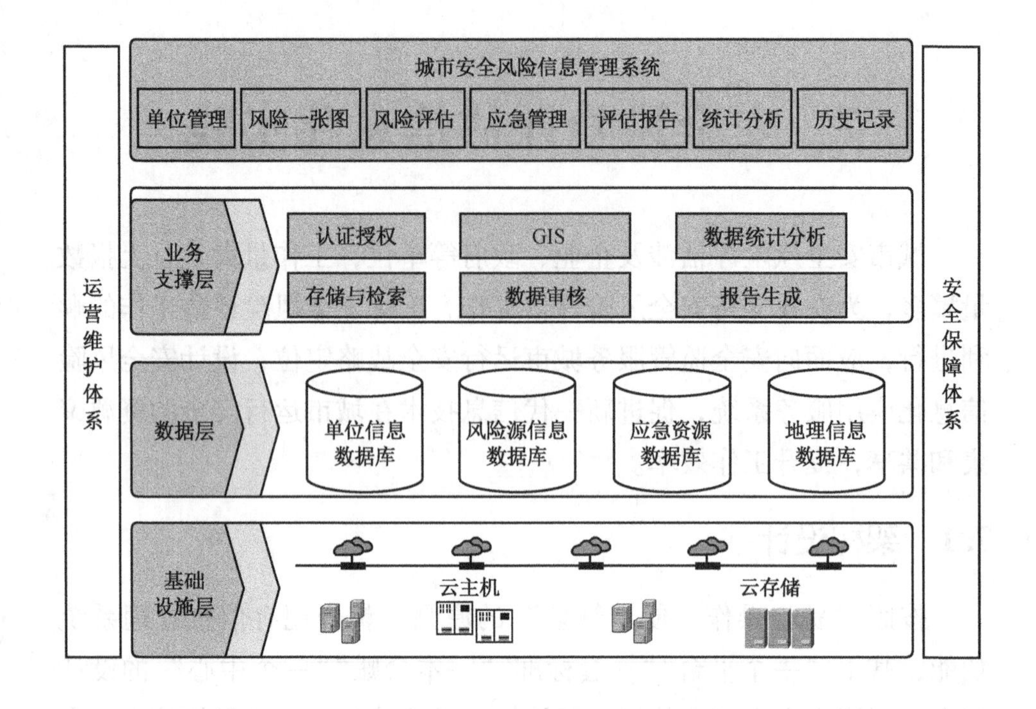

图 7－1　系统总体架构图

1. 业务支撑层

业务支撑层为业务提供核心的技术，包含认证授权、GIS、数据统计分析、存储与检索、数据审核、报告生成等。

2. 数据层

数据层为业务提供数据支持，统计计算存储各种统计的数据，包含单位信息数据库、风险源信息数据库、应急资源数据库和地理信息数据库。

3. 基础设施层

基础设施层是系统运行的基础条件和保证，由网络系统和存储计

算系统构成。其中，网络系统构建业务系统网络运行环境。

7.2　风险地图

根据综合风险研判和管理决策的需要，在风险评估结果信息的基础上，利用风险管理信息化系统平台、地理信息系统绘图工具等，从风险类比、风险关联、风险叠加等角度绘制专项风险对比图、区域风险雷达图、专项风险区划图和综合风险区划图等。

7.2.1　风险地图概念

风险管理具有未来性，对于一个组织而言，“管理风险就是要打赢未来的一场战争”。稍有“战争”常识的人都会知道，一幅“军事地图”在一场战争中具有重要的意义。因此，风险管理工作应将“风险地图”作为其重要的组成部分，企业、政府部门可根据已经建立的“风险地图”去打赢“风险管理”这场未来的战争。

根据MBA智库百科，风险地图也称风险热图，是一种用图形技术表示识别出的风险信息，直观地展现风险的发展趋势，方便风险管理者考虑采取有效风险控制措施的操作风险管理工具。

7.2.2　风险地图绘制

风险地图依赖于特定的业务过程，因此，风险地图一定是针对特定业务过程的风险地图。由于一个企业具有多个业务过程，所以严格意义上讲，一个特定企业的“风险地图”不是一张地图，而应该是“一套”(或一组）风险地图，利用图形技术、流程图等多种形式直观地展示风险分布、类别、等级和发展趋势，实现各项风险分布和状态的可视化，从而用于实施风险管理。

“风险一张图”板块应根据风险展示需求，详细建立各类安全风险源画像，用于企业风险信息的直观展示。比如风险源一张图、单位一张图、应急资源一张图、管线一张图等，每张图均可以实现省、市、区、街道、企业各级风险信息的下钻，分层次地展示不同层级关注的信息。

其中，省、市、区、街道层面更关注区域风险整体情况。主要是用不同颜色的区块叠加在地图上描述风险分布、密度和变化趋势，通过颜色区块的不同进行区域风险的呈现。在风险绘制时需要考虑风险与风险之间的耦合效应。企业层面更关注企业内部的点位风险情况。在地图上随机挑选一处风险源，可以详细地看到该风险源的基本信息、风险等级、责任人、管控措施等信息。

针对供热、燃气等市政管线的风险源不是点位的特点，“管线一张图”可以实现在地图上展示管线走向，并可以详细看出该管线上所有风险源的基本信息、风险等级、责任人、管控措施等信息。

“单位一张图”更关注单位风险工作完成情况，包括展示风险工作完成企业、未完成企业以及待完成企业情况，侧重于从风险工作完成情况来展示。

“应急资源一张图”更关注应急资源的分布、类别、数量等情况。每一处安全风险源都可以通过周边分析，快速查看当前风险源不同影响范围内有多少其他风险源存在，知道就近的应急资源在哪里、有多远、有什么、有多少。这样，政府部门或企业就可以有针对性地作出重点防御和管控，一旦出现险情即可快速、高效地指挥救援。

7.2.3 风险地图标注

风险地图标注就是将企业上报的风险要素信息标注到电子地图中，这样在电子地图上就可以看到风险的实时信息，实现各项风险分布和状态的可视化。

目前已有的要素标注方法主要是离线绘图和图文文件光标选取。其中，离线绘图方法采用离线的绘图工具，将要素标记在平面图上，并将绘制好的平面图统一上传。该方法的缺点是交互效果欠佳，不支持灵活调整。图文文件光标方法是打开一个图文文件，在这个图文文

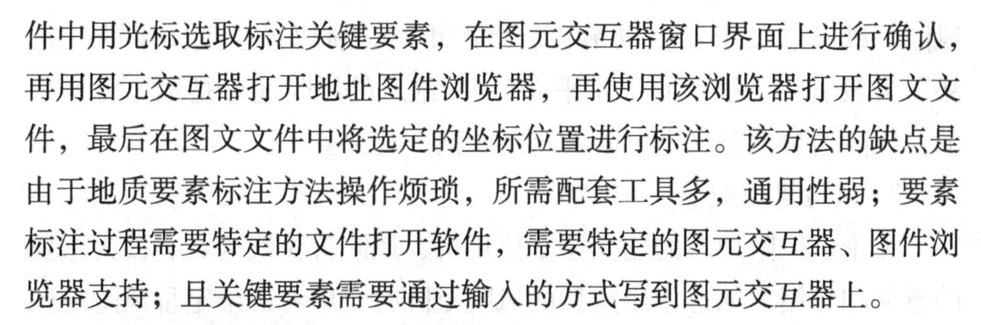

件中用光标选取标注关键要素，在图元交互器窗口界面上进行确认，再用图元交互器打开地址图件浏览器，再使用该浏览器打开图文文件，最后在图文文件中将选定的坐标位置进行标注。该方法的缺点是由于地质要素标注方法操作烦琐，所需配套工具多，通用性弱；要素标注过程需要特定的文件打开软件，需要特定的图元交互器、图件浏览器支持；且关键要素需要通过输入的方式写到图元交互器上。

7.2.4　风险地图展现

风险地图可以有多种展现形式，包括风险热力图、风险地势、风险等位线、风险带等。在实际工作中需根据业务需求选择对应的展现形式。

1. 风险热力图

热力图最开始时是以矩形色块加上颜色编码，经多年演变，现在是经过平滑模糊过的热力图谱，即以特殊高亮的形式显示不同风险源分布的页面区域和风险源所在的地理区域的图示。“热力图”一词最初是由软件设计师 Cormac Kinney 于 1991 年提出并创造的，用来描述一个 2D 显示实时金融市场信息。热力图是非常特殊的一种图，可以显示不可点击区域发生的事情。热力图非常关注分布，可以不需要坐标轴；背景通常是图片或者地图，一般使用彩虹色系做展示。

热力图适合连续的数值分布中的多次点击点，适合做数据的预测统计。热力图可以很直观地传达出用户的喜好偏爱，可以在图片上直接展示热度。

风险热力图是用不同颜色的区块叠加在地图上描述风险分布、密度和变化趋势，通过颜色区块的不同进行区域风险的呈现。在热力图绘制中需要考虑单个风险源与单个风险源之间的耦合效应。

2. 风险地势

“地势”是地图中的一项重要内容。风险地图中的“地势”是指风险大小的走向、趋势。由于风险大小以风险等级的数值来表示，而风险等级又取决于发生概率和后果严重性，所以风险地图中的“地势”并没有一个统一的“水平面”，故绝对的风险地势是不可能实现的。风险地势的意义是风险大小的走向、趋势。

3. 风险等位线

无论从风险地图的建立还是使用讲，风险等位线均具有极为重要的意义和作用。如选用半定量的风险矩阵时，应考虑半定量风险地图中的风险等位线的绘制方法。

在“风险矩阵”方法中，可能性和后果严重性均分为1~5级。半定量的风险矩阵由众多的“风险结”所组成，每一个风险结都对应着一组确定的值，见表7-1。

表7-1 风险矩阵中的风险结

风险等级		后果严重性				
		很小1	小2	一般3	较大4	很大5
可能性	行业未发生1	1(1, 1)	2(1, 2)	3(1, 3)	4(1, 4)	5(1, 5)
	行业发生过2	2(2, 1)	4(2, 2)	6(2, 3)	8(2, 4)	10(2, 5)
	行业多次发生3	3(3, 1)	6(3, 2)	9(3, 3)	12(3, 4)	15(3, 5)
	本单位发生过4	4(4, 1)	8(4, 2)	12(4, 3)	16(4, 4)	20(4, 5)
	本单位多次发生5	5(5, 1)	10(5, 2)	15(5, 3)	20(5, 4)	25(5, 5)

表7-1中，(1, 4) 风险结、(2, 2) 风险结、(4, 1) 风险结具有相同的风险等级数值4，故这三个风险结组成“一条” $R=4$ 的“风险等位线”。(3, 4) 风险结和 (4, 3) 风险结具有相同的风险等级数值12，故这两个“风险结”组成“一条” $R=12$ 的“风险等位线”。

由于“半定量”风险地图中可能性、后果严重性数值的不连续

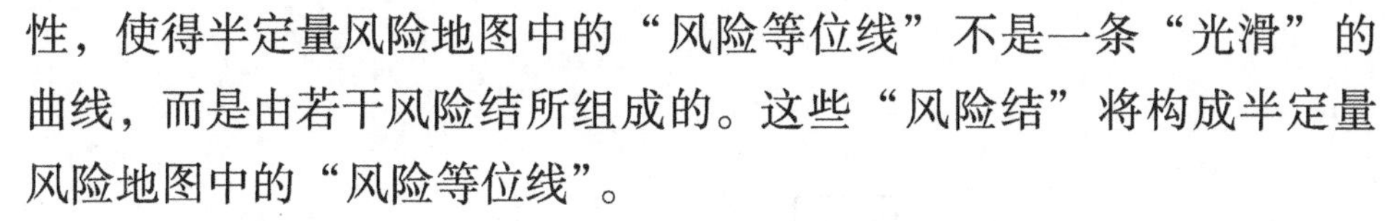

性，使得半定量风险地图中的“风险等位线”不是一条“光滑”的曲线，而是由若干风险结所组成的。这些“风险结”将构成半定量风险地图中的“风险等位线”。

4. 风险带

风险地图上区域（风险带）划分的目的是为了便于管理风险，当风险处于不同的区域后，即可以依据不同区域的不同意义而采取不同的风险控制措施或风险应对措施。

从一幅没有区域划分的风险地图到具有区域划分的风险地图，这不是自然的结果，而是在主观上根据管理风险的需要建立某种依据后，再按照这种依据而完成风险地图上不同区域（风险带）的划分。

若不明确区域划分的依据，则会使区域具有的意义不明确，很难建立不同风险带与风险管控的对应关系。因此，划分风险地图中的不同区域，必须建立划分的依据，有了依据，也就赋予了风险带明确的意义。

风险地图上不同区域的划分可以以风险的大小为依据，而风险的大小是以风险等级的数值来表现的。因此，半定量风险地图可通过“风险等位线”的方法来建立风险带。

7.3 功能设计

按照政府、企业风险评估工作的不同需求，安全风险信息化系统设计包含政府端平台、企业端平台以及移动端 App。

7.3.1 政府端平台

政府端平台主要实现企业基本信息和安全风险评估在线审核及统计分析功能，实现企业安全风险、区域安全风险的一张图展现功能。政府端平台包含首页、数据管理、风险一张图、重大风险源、报告上传、行业领域设置等模块，如图 7－2 所示。

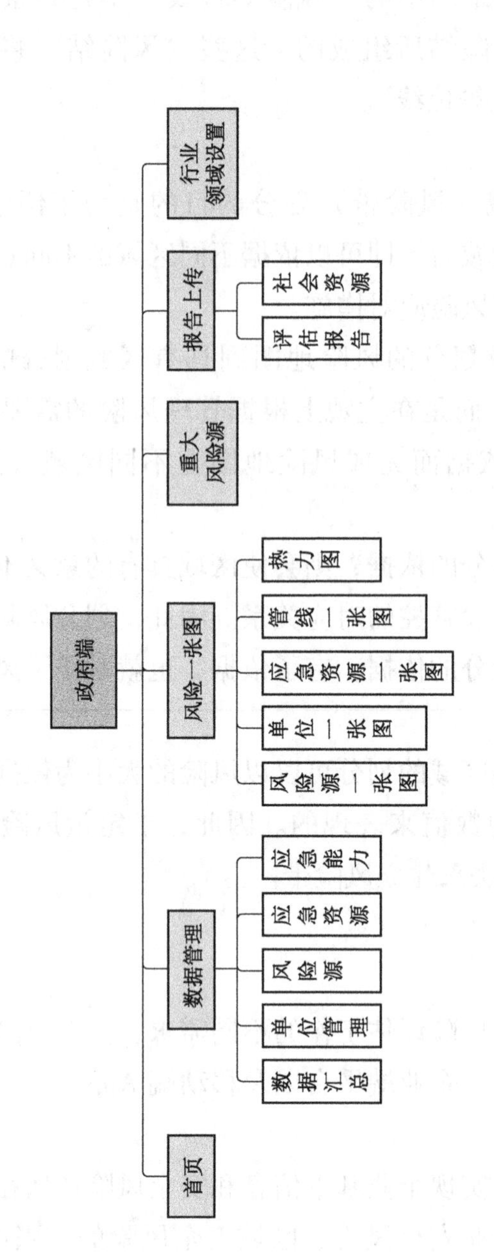
政府端
首页
数据管理
数据汇总
单位管理
风险源
应急资源
应急能力
风险一张图
风险源一张图
单位一张图
应急资源一张图
管线一张图
热力图
重大风险源
报告上传
评估报告
社会资源
行业领域设置

图 7-2　政府端主要模块

1. 首页

首页主要展示所属行业或者区域内企业风险填报数据。

2. 数据管理

数据管理模块主要是所属行业或者区域内企业风险填报数据的统计，包括风险源数据、单位注册数据、单位完成数据的统计。

3. 风险一张图

风险一张图模块主要用于风险填报数据的直观展示，包括风险源一张图、单位一张图、应急资源一张图、管线一张图、热力图，每种图形均可实现省、市、区、街道、企业三层风险信息的下钻，分层次展示不同层级关注的信息。

4. 重大风险源

重要风险源模块主要展示重大风险的单位名称、行业领域、上传部门、一对一应急预案、应急演练等情况。

5. 报告上传

报告上传模块包含评估报告、社会资源信息的上传和填报等。

7.3.2　企业端平台

企业端平台主要实现规模以上企业安全风险源的在线登记与评估、风险管控措施填报、应急资源调查和应急能力在线评估功能。企业端平台包含单位信息管理、安全风险评估、应急信息上报、评估信息、数据汇总模块。该平台适用于所有规模以上企业安全风险源在线登记与评估、填报风险管控措施，以及在线评估应急资源调查和应急能力，如图7-3所示。所谓规模以上企业（简称规上企业），即除了小微企业以外的所有企业，小微企业的判断标准详见第7.3.3节。

1. 单位信息管理

单位信息管理模块包含单位类型、单位基本信息、周边敏感目标等子模块，实现单位名称、所在地址、行业领域以及周边敏感目标等

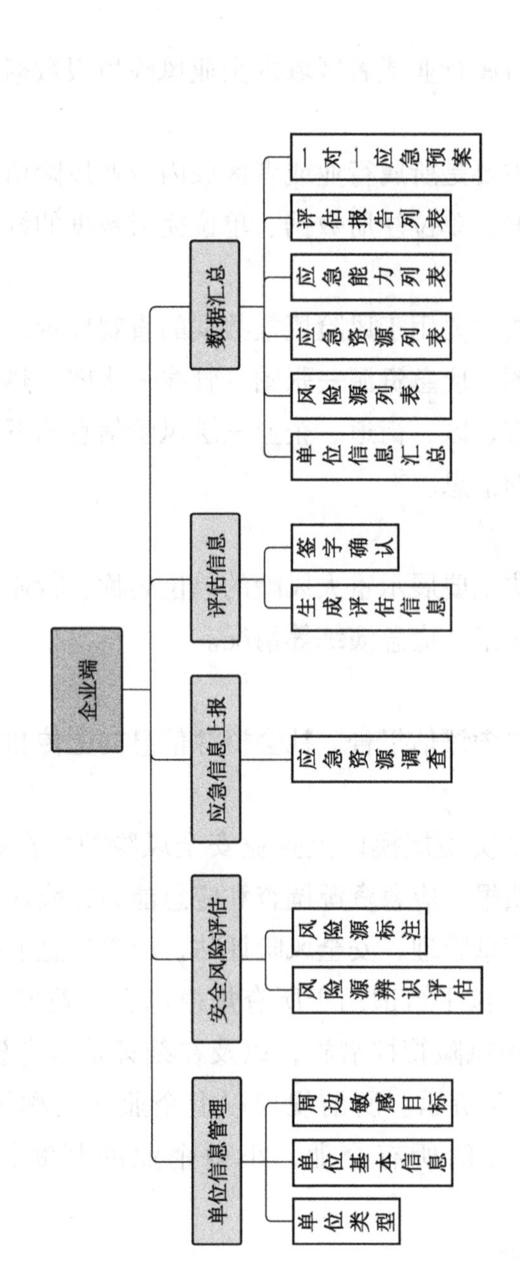
企业端
单位信息管理
单位类型
单位基本信息
周边敏感目标
安全风险评估
风险源辨识评估
风险源标注
应急信息上报
应急资源调查
评估信息
生成评估信息
签字确认
数据汇总
单位信息汇总
风险源列表
应急资源列表
应急能力列表
评估报告列表
一对一应急预案

图 7-3 企业端主要模块

信息的上报。

单位类型主要填报企业直属关系、单位角色、实际地址、行业领域、行业管理部门、安全生产标准化得分等信息。

单位基本信息主要填报单位名称、统一社会信用代码、从业人数、建筑面积、营业收入、法定代表人等信息。

周边敏感目标是将医疗卫生场所、教育设施、居民区、文物保护单位、宗教场所、大型公交枢纽、外事场所、文化设施、社会福利设施、公共图书展览设施、军事设施等。

2. 安全风险评估模块

安全风险评估模块包含风险源辨识评估、风险源标注子模块。其中，风险源辨识评估实现企业风险源的辨识、分析、等级确定等工作；风险源标注实现将所有辨识出的风险源在企业平面图中进行位置标注。

企业将所有风险源进行辨识、评估完成后，点击风险源上报，系统会自动进入到风险源标注界面。企业需将辨识出的风险源在企业平面图中进行信息的标注，如图 7 -4 所示。

3. 应急信息上报

应急信息上报模块主要对企业发生生产安全事故时第一时间可以调用的应急队伍、应急专家、应急装备、应急物资等信息进行调查。

应急队伍应为企业第一时间可以调用的生产安全事故应急救援方面的专业队伍、兼职队伍和协议队伍等。应急队伍的填报内容包括队伍名称、队伍类型、成立时间、地址、总人数、负责人、值班电话、擅长处置事故类型等信息。

应急专家应为企业第一时间可以调用的生产安全事故应急救援（应急处置）方面的专家。应急专家的填报内容包括姓名、性别、年龄、专业、专家类别、工作单位、住址、擅长处置事故类型、办公电

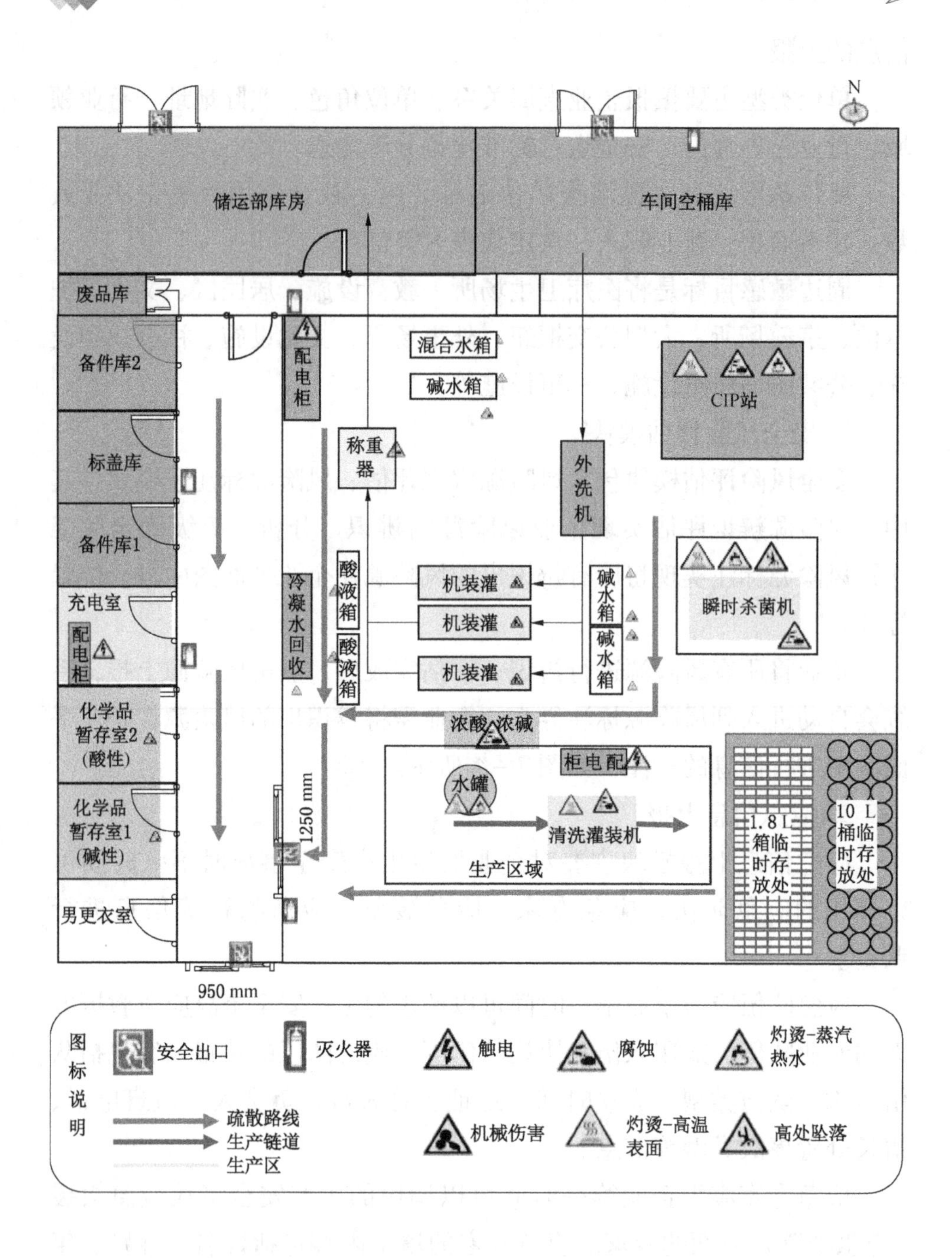

图 7-4　企业端风险地图标注界面示例

话和手机号码等信息。

应急装备指企业第一时间可以调用的能够用于生产安全事故应急救援的自储或协议储存的可重复使用的设备装备，包括车辆类、防护类、监测类、侦检类、警戒类、救生类、抢险类、洗消类、通信类和照明类等。应急装备的填报内容包括装备名称、规格型号、数量、主要功能、存放场所、负责人和联系电话等信息。

应急物资指企业第一时间可以调用的能够用于生产安全事故应急救援的自储或协议储存的消耗性物质资料，包括生活类、医疗救助类和应急保障类等。应急物资的填报内容包括物资名称、规格型号、数量、主要功能、存放场所、负责人和联系电话等信息。

4. 评估信息

评估信息模块包含生成评估信息、签字确认模块，其中，生成评估信息模块包括系统自动生成的风险辨识评估报告、应急资源调查报告、应急能力评估报告以及汇总信息；签字确认模块可实现风险信息的确认和上传等功能。

5. 数据汇总

数据汇总模块主要实现各类数据的展示和汇总分析功能，包含单位信息汇总、风险源列表、应急资源列表、应急能力列表、评估报告列表、一对一应急预案等的展示。

7.3.3 移动端 App

移动端 App 主要适用于小微企业开展风险评估工作，实现风险源辨识上报、风险源查询、风险知识查询、通知提示等功能。移动端 App 主要以小微企业为主体，通过内置风险源建议清单，推动小微企业进行风险源辨识、评估并添加管控措施，并为小微企业提供风险提示、事故警示、法律法规、风险知识等安全服务。

根据《统计上大中小微企业划分办法（2017）》和相关法律、规范，小微企业的划分标准见表 7－2。

表7－2　小微企业的划分标准

一级行业领域	二级行业领域	指标名称	计量单位	标准	依　据
市政	户外广告设施	从业人员 X	人	$X<10$	《统计上大中小微型企业划分办法》(国统字〔2017〕213 号)
交通	出租车	从业人员 X	人	$X<20$	《统计上大中小微型企业划分办法》(国统字〔2017〕213 号)
	普货运输	从业人员 X	人	$X<20$	《统计上大中小微型企业划分办法》(国统字〔2017〕213 号)
	汽车租赁	从业人员 X	人	$X<10$	《统计上大中小微型企业划分办法》(国统字〔2017〕213 号)
	机动车维修	从业人员 X	人	$X<10$	《统计上大中小微型企业划分办法》(国统字〔2017〕213 号)
商务	商业零售	从业人员 X	人	$X<10$	《统计上大中小微型企业划分办法》(国统字〔2017〕213 号)
		建筑面积 S	m^2	$S<1000$ 且地下建筑面积 <500	《北京市商业零售经营单位安全生产规定》(市政府令第 176 号)
	餐饮	从业人员 X	人	$X<10$	《统计上大中小微型企业划分办法》(国统字〔2017〕213 号)
		建筑面积 S	m^2	$S<500$	《北京市餐饮经营单位安全生产规定》(市政府令第 177 号)
	家政	从业人员 X	人	$X<10$	《统计上大中小微型企业划分办法》(国统字〔2017〕213 号)
	美容美发				美容美发行业全部认定为小微
	其他生活服务业	从业人员 X	人	$X<10$	《统计上大中小微型企业划分办法》(国统字〔2017〕213 号)
	洗染	从业人员 X	人	$X<10$	《统计上大中小微型企业划分办法》(国统字〔2017〕213 号)
文化	文化娱乐场所	从业人员 X	人	$X<10$	《统计上大中小微型企业划分办法》(国统字〔2017〕213 号)
		建筑面积 S	m^2	$S<200$	《北京市消防安全重点单位界定标准（2007 年修订版）》

表 7-2（续）

一级行业领域	二级行业领域	指标名称	计量单位	标准	依　据
旅游	社会旅馆	从业人员 X	人	$X<10$	《统计上大中小微型企业划分办法》(国统字〔2017〕213 号)
		客房数 F	间	$F<50$	《北京市消防安全重点单位界定标准（2007 年修订版）》
	旅行社	从业人员 X	人	$X<10$	《统计上大中小微型企业划分办法》(国统字〔2017〕213 号)
体育	体育运动场馆	从业人员 X	人	$X<10$	《统计上大中小微型企业划分办法》(国统字〔2017〕213 号)
建筑	房地产中介	从业人员 X	人	$X<10$	《统计上大中小微型企业划分办法》(国统字〔2017〕213 号)
民政	养老院	从业人员 X	人	$X<10$	《统计上大中小微型企业划分办法》(国统字〔2017〕213 号)
	殡葬服务	从业人员 X	人	$X<10$	《统计上大中小微型企业划分办法》(国统字〔2017〕213 号)
	福利彩票经营	从业人员 X	人	$X<10$	《统计上大中小微型企业划分办法》(国统字〔2017〕213 号)
	收容所	从业人员 X	人	$X<10$	《统计上大中小微型企业划分办法》(国统字〔2017〕213 号)
教育	教育机构	从业人员 X	人	$X<10$	《统计上大中小微型企业划分办法》(国统字〔2017〕213 号)
医疗	医疗卫生	从业人员 X	人	$X<10$	《统计上大中小微型企业划分办法》(国统字〔2017〕213 号)
农业	农业企业	营业收入 Y	万元	$Y<50$	《统计上大中小微型企业划分办法》(国统字〔2017〕213 号)

移动端 App 为小微企业提供一种全新的全生命周期自检管理工具，支持企业在线完成安全风险辨识管控和依据标准化检查规范的隐患自查自改，在线填报管理应急救援资源和预案，评估自身应急救援

能力。其包含风险源辨识、风险源查询和安全服务界面。

风险源查询界面对企业填报的风险情况进行展示，包括历史上报记录情况。

安全服务界面提供风险提示、事故警示、法律法规、风险知识等服务。

7.3.4 系统功能

安全风险信息化系统基于安全风险的辨识、分析、确定等级、管控、沟通、监测与更新的全流程闭环管理模式，可实现企业安全风险源在线登记与评估、风险管控措施填报、应急资源调查和应急能力在线评估，实现企业基本信息和安全风险评估在线审核及统计分析，构建区域安全风险数据库，实现安全风险一张图等功能。

1. 安全生产大数据分析

在全面收集风险数据、应急数据等数据的基础上，辨识反映企业安全生产状态的指标和模型。基于风险管理理念，应用数据智能提取技术，构建递阶层次的安全生产风险评估综合指标体系，建立企业/行业/区域安全生产风险评估模型，有效进行安全生产形势分析与趋势预测预警。

2. 政府监管安全风险预防控制一张图

基于安全生产大数据、企业风险源与各种应急救援资源等，在线展示行政区域、行业领域的重大安全风险源清单和电子地图，将系统汇聚的数据聚合并建立联动关系，实现逐级下钻，为精细化监管提供技术支持。

3. 安全风险全生命周期

追溯风险源与应急资源从“诞生”到“消除”的所有变化，实现动态管理，便于企业和政府监管单位掌握详细情况，明确权责。实现海量基础数据的抽取，对不同尺度安全生产形势进行动态评估及预测。

8 风险评估工作实践经验

城市安全风险评估是一项系统工程，涉及政府、企业、第三方服务机构等多个层面，如何压实各方工作责任，持续提升风险评估的工作质量，使风险管理成为一项常态化、基础性工作，并不断引向深入，值得进行深入的思考和探讨。从部分城市开展安全风险评估工作的实践经验中，梳理了城市安全风险评估工作推动中的现实路径，期望能够帮助风险管理人员推动风险评估工作更好的实践应用。

8.1 压实各方工作责任

2016 年，习近平总书记在中共中央政治局第三十次集体学习时指出，各级党委和政府要增强责任感和自觉性，提高风险监测防控能力，做到守土有责、主动负责、敢于担当，积极主动防范风险、发现风险、消除风险。

北京市为推动城市安全风险评估工作，以《北京市安全风险管理办法》等规范、文件的形式，明确了各方工作职责，如图 8－1 所示。其中，市安委会统筹协调，负有安全管理职责的部门分类指导，属地政府具体负责，分工协作，密切配合。生产经营单位是本单位安全风险管理的责任主体，其主要负责人对本单位的安全风险管理工作负责，保证安全风险管理所必需的安全投入。

8.2 着力抓好统筹推进

城市风险评估工作的推动不宜在一开始时就全面铺开，宜采取分

市安委会	统筹协调	负责总体部署、协调指导和督查考核，建立完善市级安全风险数据库和信息管理系统	组建城市安全风险评估专家库，做好技术支撑	统筹协调全市风险评估工作资金支持	指导、督促各单位编制安全风险评估标准，建立安全风险分级管控机制和重大安全风险研判机制，做好重大安全风险防范化解工作
市级部门	分类指导	完善城市安全风险评估标准和清单	指导、督促市属国有企业和各区开展安全风险评估、应急资源调查和应急能力评估工作，落实重大安全风险防范化解措施	汇总本行业工作开展情况	
各区政府	具体负责	建立基于行业和属地监管的台账	组织区级部门、街乡镇开展重大行业(领域)安全风险评估、应急资源调查、应急能力评估工作	督促生产经营单位落实安全风险管控措施和重大安全风险防范化解措施	汇总本区工作开展情况
生产经营单位	负责主体	建立健全本单位安全风险管理责任制和管理制度	组织辨识和评估本单位存在的各类安全风险，评定风险等级	组织制定本单位的安全风险管控措施和应急预案	填报城市安全风险信息管理系统

图 8－1　压实风险评估工作各方责任

步骤实施，由试点引领逐步实现行业领域全覆盖。试点工作选择具有特色的重点行业领域，以及安全工作基础比较好的水、电、气、热和公共交通等国有企业进行，探索建立风险评估工作机制，总结凝练可复制推广的工作经验；然后再在试点基础上，组织开展重点行业领域的评估，摸清重点行业领域安全生产风险源的数量、种类和分布情况，分级分类精准管控风险；最后推动城市全行业领域的风险评估，由重点行业领域覆盖扩大到全行业的全覆盖，摸清城市安全生产风险源的数量、种类和分布情况，严防风险外溢。

图 8－2 给出了北京市安全风险评估工作推动情况。2017 年，在本市危险化学品单位、人员密集场所单位、建筑施工项目、生活垃圾

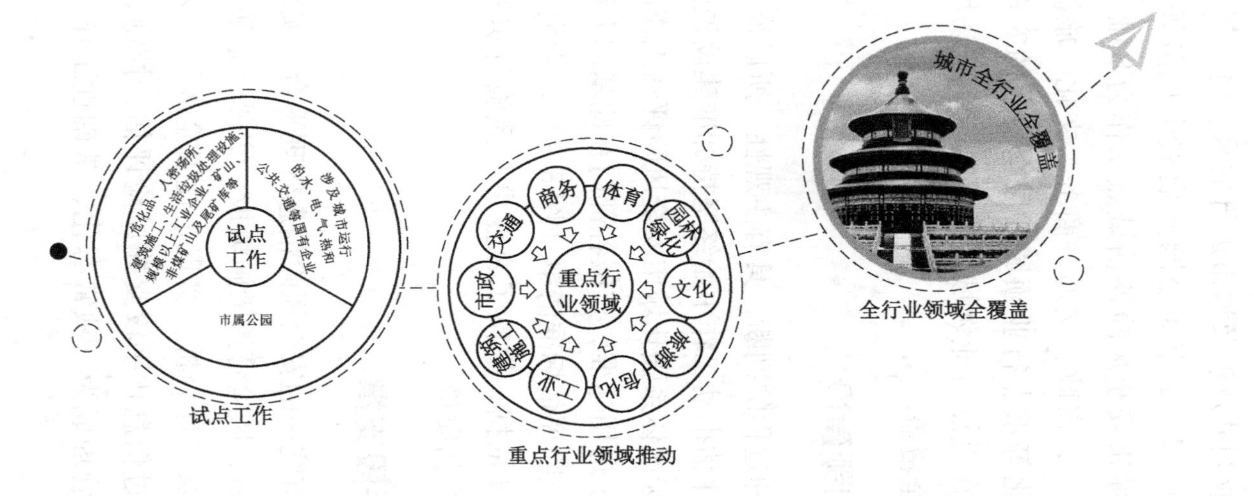

图 8－2　采取分步走逐步实现全覆盖

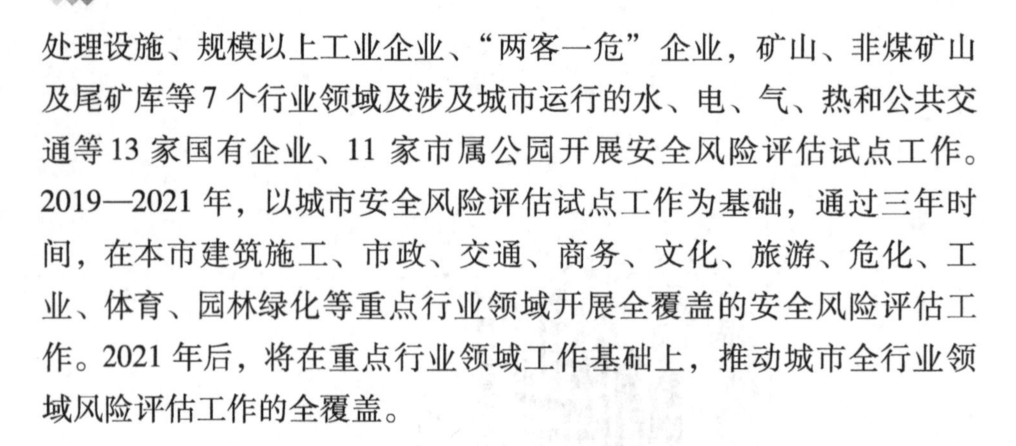

处理设施、规模以上工业企业、“两客一危”企业，矿山、非煤矿山及尾矿库等7个行业领域及涉及城市运行的水、电、气、热和公共交通等13家国有企业、11家市属公园开展安全风险评估试点工作。2019—2021年，以城市安全风险评估试点工作为基础，通过三年时间，在本市建筑施工、市政、交通、商务、文化、旅游、危化、工业、体育、园林绿化等重点行业领域开展全覆盖的安全风险评估工作。2021年后，将在重点行业领域工作基础上，推动城市全行业领域风险评估工作的全覆盖。

8.3 坚持标准引领建设

风险本身是一种过程的判断，具有主观性，所以统一标准至关重要。北京市在风险评估推动工作中始终坚持标准建设先行，通过健全城市安全风险评估标准体系强化城市安全风险评估工作的科学化和标准化。市安委会制定通用标准，市级各部门在此基础上制定并印发了符合本行业特点的风险评估标准清单（图8-3），为生产经营单位开展风险评估提供标准依据，提高了企业参与风险辨识评估的可操作性，确保安全风险评估质量。

8.4 强化信息手段支撑

建成并运行全市统一的安全风险信息管理平台，实现企业安全风险源在线登记与评估、风险管控措施填报，实现企业基本信息和安全风险评估在线审核及统计分析，实现企业安全风险、区域安全风险一张图等功能；通过信息化手段支撑风险评估、控制、定期动态更新等工作，使风险管理成为一项常态化、基础性工作，并不断引向深入。

北京市在城市安全风险评估工作推进中开发了“北京市安全风险云服务系统”，如图8-4所示。为解决小微企业开展安全风险评

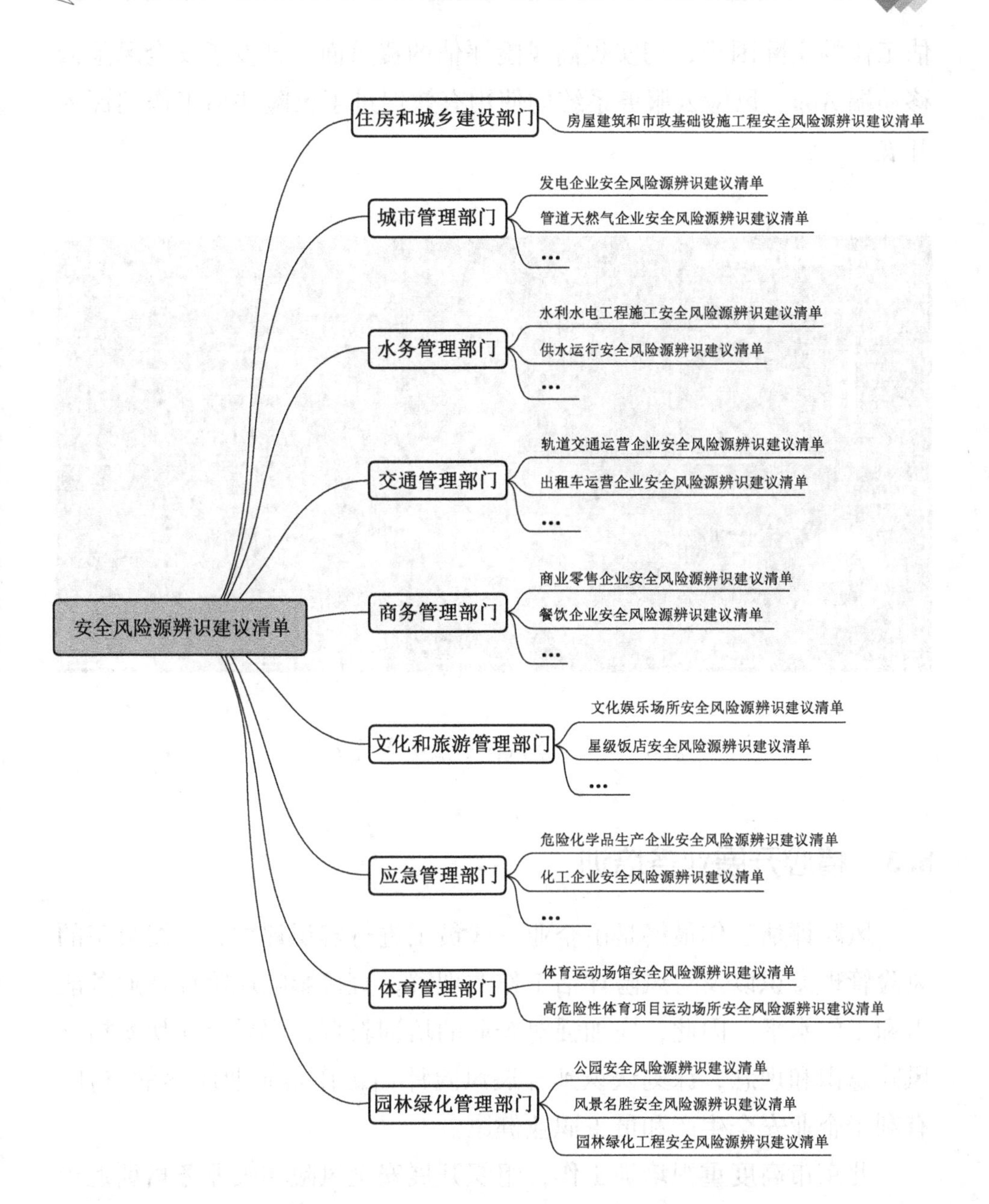

图 8－3　安全风险源辨识建议清单

估工作的实际困难，切实提高风险评估的覆盖面，开发了安全风险云移动端 App。风险云服务系统的使用有效促进了风险评估工作的深入开展。

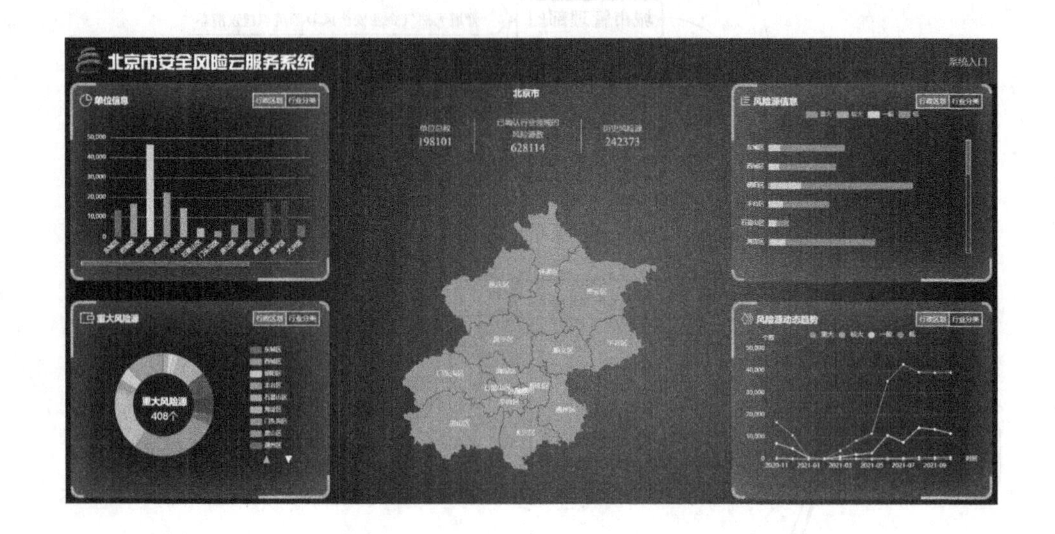

图 8-4　安全风险云服务系统界面

8.5　精心开展业务培训

风险评估工作最终是由企业一线员工进行辨识评估，一线员工的风险管理意识以及对风险评估工作的理解，直接影响风险评估业务能力和工作水平。因此，应加强对企业的培训教育，引导企业切实树立风险意识和理念，深刻认识到开展风险评估工作是企业应尽的责任，有利于企业安全生产和员工职业健康。

北京市高度重视培训工作，组织开展安全风险相关业务培训近千余场次，不断提高风险管理人员的基本能力和专业素养。精心设计培训内容，选取培训教师，编制培训课件、录制教学视频等，指导行业、街道、生产经营单位开展安全风险评估工作；灵活使用视频会议、网络直播等手段，采取线上与线下结合的方式开展培训教育；结合季节性、周期性特点，适时向社会公布安全风险提示；着力打造了一支由部门、属地、企业、第三方服务机构工作人员和行业专家等组成的风险管理队伍，为本市风险管理工作提供源源不断的内在动力。

8.6 明确评估工作流程

评估工作流程对于约束或指导参与风险评估工作的各方责任主体的工作具有十分重要的意义。为更好开展风险评估工作，应以规范性文件的形式明确不同层面的风险评估工作流程，如图 8 - 5 所示。

市级层面组织的安全风险评估工作流程大致包含：制定行业实施方案，制修订安全风险源辨识建议清单，组织针对区级部门、本行业重点企业等单位的培训宣贯，审核重点企业基本信息，对重点企业安全风险再评估，针对重大安全风险源编制本行业重大安全风险源企业与属地政府“一对一”事故应急预案并组织开展应急演练，汇总分析本行业（领域）工作开展情况。

区级层面组织的安全风险评估工作流程大致包含：区政府层面需制定本区实施方案，组织针对区级部门、街乡镇的安全风险评估工作培训，监督相关单位开展安全风险评估工作，汇总分析本区工作开展情况，绘制安全风险电子地图。区级部门层面需建立行业监管台账，组织开展业务培训，组织本行业生产经营单位开展安全风险评估、分级管控与动态更新工作，在线审核生产经营单位所属行业等基本信息，对可能影响公共安全的风险进行再评估，汇总分析本行业工作开展情况，报区政府和市级部门。街乡镇层面需在线审核辖区内生产经营单位基本信息，督促生产经营单位落实安全风险管控措施和重大安全风险防范化解措施，汇总分析辖区工作开展情况，报区政府。

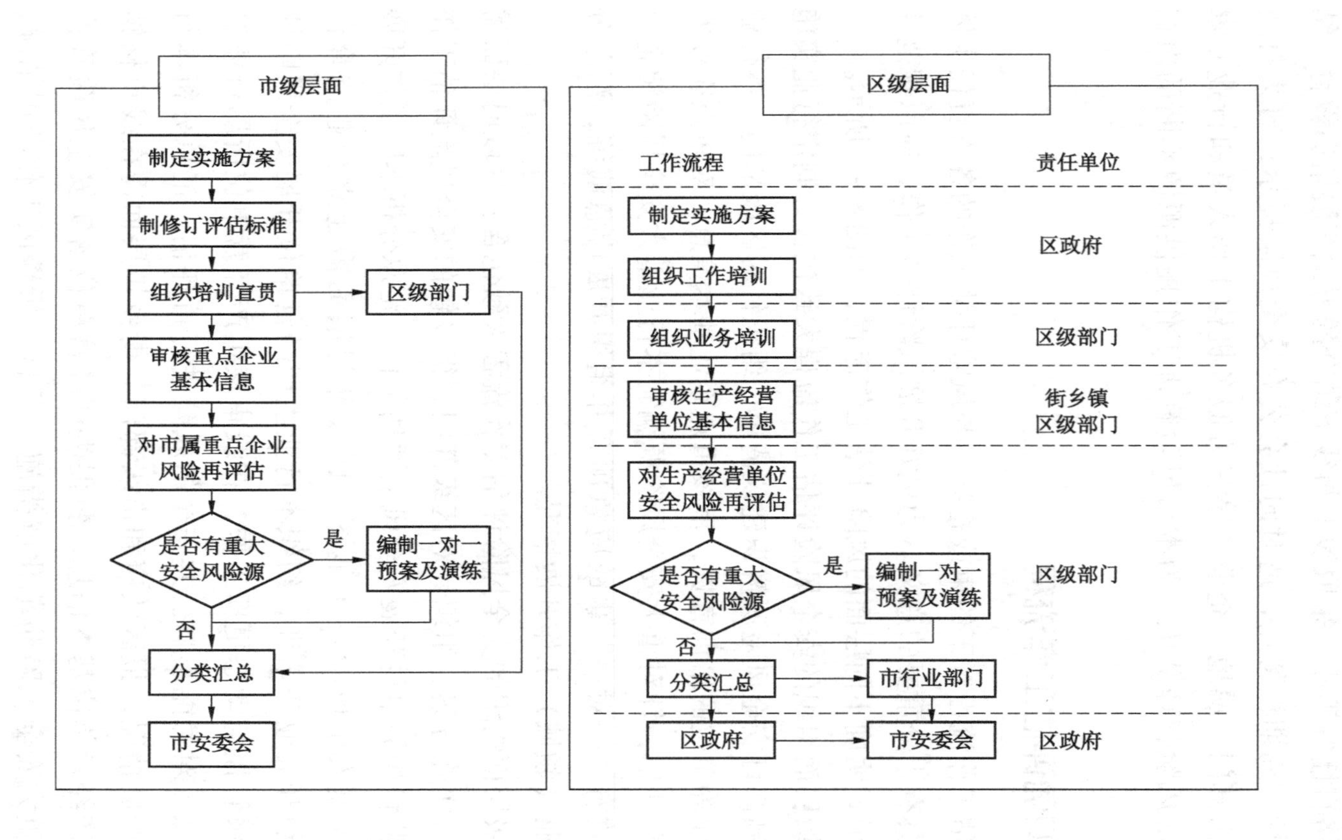

图8－5 风险评估工作流程

8.7 加强检查、核查工作

为进一步规范企业安全风险管理工作，提升城市安全风险评估工作质量，需加强检查、核查工作，审核把关企业风险评估工作，督促企业落实安全风险管控责任。

北京市在对风险评估工作进行检查核查中，同步开展线上核查和现场检查工作。通过安全风险云服务系统对生产经营单位填报的安全风险评估数据、应急资源调查数据和应急能力评估数据开展了线上核查，同时组织专家赴现场对安全风险源的辨识、评估和防控进行了现场检查指导，将核查和检查的情况通报相关单位，并加强对后续整改落实情况的跟进督导。

8.8 推动风险防范化解

强化安全风险防控分级分类管理，实现差别化精准安全监管。企业通过评估掌握本单位的安全风险种类和分布情况，并逐一明确风险源的管控措施，切实降低安全风险。针对重大安全风险源，属地政府应根据“一对一”生产安全事故应急预案，优化应急联动程序，强化信息互通共享，并充分利用周边应急资源优势，定期组织针对重大安全风险事故的应急演练，不断提升区域应急联动水平。

建立重点行业领域安全生产风险会商机制，定期组织各部门、各单位，通过分析研判行业性、系统性、区域性和阶段性重大安全风险，进一步明确管控措施和职责，支撑监管决策和应急准备，强化联防联控。

附录 机械行业安全风险辨识建议清单

本建议清单供机械行业开展安全风险辨识时参考使用。企业应结合自身实际情况，全面识别本企业所有工艺装置、设备设施、场所以及作业活动中正常、异常、紧急三种状态下可能存在的安全风险，确定其存在的部位、类型以及可能造成的后果。建议清单中风险描述仅为示意说明，企业应结合自身情况进行补充完善风险分析内容，形成本企业安全风险辨识清单。

序号	场所/位置	风险源	风险描述示意（仅供参考）	可能造成的后果	风险类型
用电设备及场所					
1	变配电室	高低压配电装置	高低压配电装置产品质量缺陷、绝缘性能不合格，现场环境恶劣（高温、潮湿、腐蚀、振动）、运行不当、机械损伤、维修不善导致绝缘老化破损，设计不合理、安装工艺不规范，安全技术措施不完备、违章操作、保护失灵等，可能发生电击、电灼伤等触电事故	人员伤亡；经济损失	触电
2			高低压配电装置安装不当、过负荷、短路、过电压、接地故障、接触不良等，可能产生电气火花、电弧或过热，引发电气火灾或引燃周围的可燃物质，造成火灾事故；在有过载电流流过时，还可能使导线（含母线、开关）过热，金属迅速气化而引起爆炸	人员伤亡；经济损失；环境影响	火灾；其他爆炸

（续）

序号	场所/位置	风险源	风险描述示意（仅供参考）	可能造成的后果	风险类型
3	配电箱（柜）	配电箱（柜）	配电箱（柜）内可能存在裸露带电部位，绝缘胶垫缺失等，导致人员触电事故	人员伤亡；经济损失	触电
4			电气元、配件质量不好，绝缘性能不合格，接线不规范，接线端子接线松弛，线型选择过细，引起电气元件或端子接头发热引燃周边可燃物质，发生火灾	人员伤亡；经济损失；环境影响	火灾
5	电缆沟附近区域	电缆沟	易燃易爆气体可能进入电缆沟，在沟内积聚，遇火源可能导致火灾、爆炸事故	人员伤亡；经济损失；环境影响	火灾；其他爆炸
6			电缆沟地面潮湿，积水不能及时排出，线路漏电，可能导致人员触电	人员伤亡；经济损失	触电
7			进入电缆沟进行有限空间作业未执行“先通风、后检测、再作业”规定，可能导致人员中毒和窒息事故	人员伤亡；经济损失	中毒和窒息
8	电气线路	电气线路	电气线路负载、安全防护装置等不符合安全要求，或在运行中出现绝缘损坏、老化等造成耐压等级下降，或安全防护装置失效、存在缺陷等，可能造成触电事故	人员伤亡；经济损失	触电
9			电气线路老化、短路、过载、接触不良、散热不良等原因产生电弧、电火花和危险温度，引发电气火灾或引燃周围的可燃物质，造成火灾事故。 粉尘爆炸危险区域内未按要求安装防爆电气线路，可能产生电火花等点火源，引发粉尘爆炸	人员伤亡；经济损失；环境影响	火灾；其他爆炸

（续）

序号	场所/位置	风险源	风险描述示意（仅供参考）	可能造成的后果	风险类型
10	用电设备	用电设备	使用淘汰用电设备，漏电保护装置缺失或失效，用电设备绝缘损坏、老化等造成耐压等级下降，可能造成触电事故	人员伤亡；经济损失	触电
11			使用淘汰用电设备，用电设备短路、过载、接触不良、铁芯发热、散热不良等原因产生电弧、电火花和危险温度，引发电气火灾或引燃周围的可燃物质，造成火灾事故	人员伤亡；经济损失；环境影响	火灾
12			易燃易爆场所未设置防爆电器或设置的防爆电器等级不够，易燃易爆物质泄漏，遇电火花可能发生火灾、爆炸事故。 粉尘爆炸危险区域未设置防爆电器或设置的防爆电器等级不够，可能产生电火花等点火源，引发粉尘爆炸	人员伤亡；经济损失；环境影响	火灾；其他爆炸
13	砂轮机	砂轮机	砂轮有裂纹、磨损，转动时不平稳有跳动，安装不牢固等可能造成伤人事故	人员伤亡；经济损失	机械伤害
14			防护罩未安装或安装不当，砂轮飞出可能击中人体和设施，造成人员伤害和设备损坏	人员伤亡；经济损失	物体打击
15	移动式电动工具	移动式电动工具	电源线受外力损坏，电源线连接处容易脱落而使金属外壳带电，漏电保护装置缺失或失效等，可能导致人员触电	人员伤亡；经济损失	触电
16	手持式电动工具	手持式电动工具	过载、短路、漏电保护装置缺失或失效等，可能导致人员触电	人员伤亡；经济损失	触电
17	发电机机房	发电机	发电用的油品可能发生泄漏，引发火灾、爆炸事故。 发电机产生的有毒有害气体可能引发人员中毒和窒息事故。 发电机工作过程中，可能发生漏电，导致触电事故	人员伤亡；经济损失；环境影响	火灾；其他爆炸中毒和窒息；触电

（续）

序号	场所/位置	风险源	风险描述示意（仅供参考）	可能造成的后果	风险类型
18	油浸式变压器	油浸式变压器	变压器的电路元器件绝缘损坏，可能造成触电事故	人员伤亡；经济损失	触电
19			紧急情况时变压器油无应急存放点，可能导致火灾及爆炸事故	人员伤亡；经济损失；环境影响	火灾；其他爆炸
特种设备及有关同类设备					
20	起重机械	起重机械	被吊物件捆绑不牢；吊具、工装选配不合理，超载，钢丝绳存在缺陷；吊钩危险断面出现裂纹、变形或磨损超限；主、副吊钩操作配合不当造成被吊物重心偏移；制动器、缓冲器、行程限位器、起重量限制器、防护罩、应急开关等安全装置缺失或失效；吊钩在起升运行过程中与卷扬发生碰撞；起重机门舱联锁保护失效等，可能造成吊物坠落，同轨相邻起重机之间碰撞，人员挤伤、绞伤及高处坠落等起重伤害	人员伤亡；经济损失	起重伤害
21			移动式起重机作业场地不平整、支撑不稳固，配重不平衡，重物超过额定起重量，可能造成机身倾覆或吊臂折弯等，引起起重伤害	人员伤亡；经济损失	起重伤害
22			保护接零或接地、防短路、过压、过流、过载保护及互锁、自锁装置失效，带电部位绝缘保护失效，可能导致触电事故	人员伤亡；经济损失	起重伤害
23	锅炉房	锅炉	锅炉本身存在缺陷；出气阀被堵死，锅炉仍在运行；超载运行；操作人员失误或仪表失灵等造成超载；缺水运行；腐蚀失效；水垢未及时清除；锅炉到期未检验，安全附件缺失或失效；炉膛内燃气泄漏；司炉人员无证操作或脱岗等，可能造成锅炉爆炸事故	人员伤亡；经济损失；环境影响	锅炉爆炸

（续）

序号	场所/位置	风险源	风险描述示意（仅供参考）	可能造成的后果	风险类型
24	锅炉房	锅炉	锅炉房内燃料发生泄漏，人员大量吸入可能导致中毒和窒息事故；遇火源可能导致火灾、爆炸事故	人员伤亡；经济损失；环境影响	中毒和窒息；火灾；其他爆炸
25			蒸汽锅炉、热水锅炉及其高温管道发生损坏，管道与设备连接的焊接质量差，管段的变径和弯头处连接不严密，阀门密封垫片损坏，高温设备保温措施失效，锅炉炉体泄漏，热水管线上的跑、冒、滴、漏等，可能会导致人员灼烫事故	人员伤亡；经济损失	灼烫
26	压力容器	压力容器	压力容器存在缺陷，未按规定进行定期检验、报废，压力容器内外腐蚀，安全阀失效，违章操作等，可能导致容器爆炸事故	人员伤亡；经济损失；环境影响	容器爆炸
27			压力容器内部易燃易爆介质发生泄漏，遇火源可能导致火灾、爆炸事故	人员伤亡；经济损失；环境影响	火灾；其他爆炸
28			压力容器内部毒性介质发生泄漏，人员接触可能导致中毒和窒息事故	人员伤亡；经济损失	中毒和窒息
29	气瓶间或气瓶使用场所	气瓶	气瓶保管使用中受阳光、明火、热辐射作用，瓶中气体受热，压力急剧增加；气瓶在搬运或贮存过程中坠落或撞击坚硬物体等，均可能引发气瓶爆炸	人员伤亡；经济损失；环境影响	容器爆炸
30			气瓶内部易燃易爆介质发生泄漏，遇火源可能导致火灾、爆炸事故	人员伤亡；经济损失；环境影响	火灾；其他爆炸
31			气瓶内部毒性介质发生泄漏，人员接触可能导致中毒和窒息事故	人员伤亡；经济损失	中毒和窒息

（续）

序号	场所/位置	风险源	风险描述示意（仅供参考）	可能造成的后果	风险类型
32	电梯	电梯	安全钳、限速器不灵敏或失效，电梯下行达到限速器动作速度不能有效制动停止；轿厢超负荷运行，悬挂装置断裂等，可能造成人员坠落伤亡。 依靠、挤压或撬动电梯层门，可能使其非正常故障打开，导致人员坠落，造成井道伤亡事故。 电梯故障超高平层大于0.75 m以上时，强扒电梯层、轿门爬或蹦跳出电梯，可能发生乘客坠入敞开门的井道伤亡事故	人员伤亡；经济损失	高处坠落
33			电气联锁装置缺失或失效，可能发生轿厢门夹人等伤害事故。 电梯因故障开门走梯，可能发生乘客被剪切或挤压的人身伤亡事故。 火灾时乘坐电梯，可能发生电梯故障困人窒息等人身伤害事故	人员伤亡；经济损失	其他伤害；机械伤害；中毒和窒息
34	场(厂)内专用机动车辆	机动车辆	场内机动车辆与行人发生碰撞，导致车辆伤害事故	人员伤亡；经济损失	车辆伤害
35		叉车	叉运超高、超宽、超重货物；被叉物料不平稳，物料倾斜滑落；货物高度妨碍行驶视线；货叉起降速度过快或断裂；爆胎等，均可能导致车辆伤害事故	人员伤亡；经济损失	车辆伤害
公用辅助设备设施					
36	危险化学品储存场所	危险化学品仓库	危险化学品仓库防雷和防静电设施失效，空调、通风机等未采用防爆型设备，可能出现静电火花、电气火花等，遇到易燃气体、液体包装破损泄漏，可燃气体报警装置失效等造成的易燃气体、液体时，可能引发火灾、爆炸；易燃气体、易燃液体与氧化剂等禁忌物混存，可能引发火灾、爆炸事故。 危险化学品仓库有毒有害物质包装破损等引起有毒有害物质泄漏，人员大量吸入后可能导致中毒事故。 危险化学品仓库腐蚀性物资包装破损等引起腐蚀性物质泄漏，人员接触可能导致灼烫事故	人员伤亡；经济损失；环境影响	火灾；其他爆炸；中毒和窒息；灼烫

（续）

序号	场所/位置	风险源	风险描述示意（仅供参考）	可能造成的后果	风险类型
37	危险化学品储存场所	危险化学品专用储存室	危险化学品专用储存室防雷和防静电设施失效，空调、通风机等未采用防爆型设备，可能出现静电火花、电气火花等，遇到易燃气体、液体包装破损泄漏，可燃气体报警装置失效等造成的易燃气体、液体时，可能引发火灾、爆炸；易燃气体、易燃液体与氧化剂等禁忌物混存，可能引发火灾、爆炸事故。 危险化学品专用储存室有毒有害物质包装破损等引起有毒有害物质泄漏，人员大量吸入后可能导致中毒。 危险化学品专用储存室腐蚀性物资包装破损等引起腐蚀性物质泄漏，人员接触可能导致灼烫事故	人员伤亡；经济损失；环境影响	火灾；其他爆炸；中毒和窒息；灼烫
38		危险化学品专柜	危险化学品专柜防雷和防静电设施失效，空调、通风机等未采用防爆型设备，可能出现静电火花、电气火花等，遇到易燃气体、液体包装破损泄漏，可燃气体报警装置失效、通风不良等造成的易燃气体、液体时，可能引发火灾、爆炸；易燃气体、易燃液体与氧化剂等禁忌物混存，可能引发火灾、爆炸事故。 危险化学品专柜有毒有害物质包装破损等引起有毒有害物质泄漏，人员大量吸入后可能导致中毒事故。 危险化学品专柜腐蚀性物资包装破损等引起腐蚀性物质泄漏，人员接触可能导致灼烫事故	人员伤亡；经济损失；环境影响	火灾；其他爆炸；中毒和窒息；灼烫
39		储罐	易燃易爆危险化学品储罐发生泄漏，遇到静电火花、电气火花、明火等，可能引发火灾、爆炸事故。 有毒有害危险化学品储罐发生泄漏，人员大量吸入后可能导致中毒事故。 储罐内物料充装过量，罐内压力过高，储罐安全附件失效等，可能导致容器爆炸事故	人员伤亡；经济损失；环境影响	火灾；其他爆炸；中毒和窒息；容器爆炸

（续）

序号	场所/位置	风险源	风险描述示意（仅供参考）	可能造成的后果	风险类型
40	加油站、油库	储油罐	储罐油品发生泄漏；人孔井内，油品发生泄漏并积聚等，遇火源可能发生火灾爆炸事故。 通气管排出的油气遇静电、雷电等火源发生火灾爆炸事故。 雷电引发油罐附近泄漏的油气发生火灾爆炸事故	人员伤亡；经济损失；环境影响	火灾；其他爆炸
41			储罐油品发生泄漏，人孔井内的油品发生泄漏并积聚，人员大量吸入油品挥发出的油气，可能导致中毒或窒息事故	人员伤亡；经济损失；环境影响	中毒和窒息
42		给排水设施	给排水设施内积聚的油污、油气，遇火源可能导致火灾、爆炸事故	人员伤亡；经济损失；环境影响	火灾；其他爆炸
43	加油区	加油机	加油机使用时发生油品泄漏，遇火源可能导致火灾、爆炸事故。 雷电、静电等引发油气，发生火灾、爆炸事故。 静电可能引燃管道以及加油机内的油品，导致火灾、爆炸事故	人员伤亡；经济损失；环境影响	火灾；其他爆炸
44			加油机使用时油品发生泄漏并积聚，人员大量吸入油品挥发出的油气，可能导致中毒或窒息事故	人员伤亡；经济损失	中毒和窒息
45	卸油区	卸油作业	卸油区卸油过程中出现跑、冒、滴、漏，遇火源可能导致火灾、爆炸事故	人员伤亡；经济损失；环境影响	火灾；其他爆炸
46			卸油过程中，卸油口发生跑、冒、滴、漏，人员大量吸入油品挥发出的油气，可能导致中毒或窒息事故	人员伤亡；经济损失	中毒和窒息
47			卸油作业人员未遵守加油站相关安全规定，如吸烟、打电话等，可能带来引火源，引燃挥发的油气，导致火灾、爆炸事故	人员伤亡；经济损失	火灾；其他爆炸

（续）

序号	场所/位置	风险源	风险描述示意（仅供参考）	可能造成的后果	风险类型
48	卸油区	卸油口井	卸油口井内，油品发生泄漏并积聚，遇火源可能发生火灾、爆炸事故	人员伤亡；经济损失；环境影响	火灾；其他爆炸
49			卸油口井内，油品发生泄漏并积聚，人员大量吸入油品挥发出的油气，可能导致中毒和窒息事故	人员伤亡；经济损失	中毒和窒息
50		给排水设施	给排水设施内积聚的油污、油气，遇火源可能导致火灾、爆炸事故	人员伤亡；经济损失；环境影响	火灾；其他爆炸
51	酸槽、碱槽及电镀槽	酸槽、碱槽及电镀槽	槽体有裂纹和变形，可能导致液体渗漏，造成灼烫和对环境产生影响	人员伤亡；经济损失	灼烫
52			在槽体上进行作业时，有可能发生高处坠落事故	人员伤亡；经济损失	高处坠落
53			通风系统故障可能造成有毒有害气体积聚，导致中毒事故	人员伤亡；经济损失	中毒和窒息
54			接地、防静电等措施失效后，可能导致爆炸事故	人员伤亡；经济损失；环境影响	其他爆炸
55	工业管道	易燃气体等易燃可燃介质管道	管道占压、安全距离不足、外力破坏、超压、腐蚀、制造缺陷等，造成易燃、可燃介质泄漏，遇到静电火花、电气火花、明火等，引发火灾或爆炸	人员伤亡；经济损失；环境影响	火灾；其他爆炸
56		有毒有害介质管道	管道占压、外力破坏、超压、腐蚀、制造缺陷等，造成有毒有害介质泄漏，人员大量吸入后可能导致中毒等事故。如腐蚀性介质泄漏，作业人员直接接触可能引发人员化学性灼伤事故	人员伤亡；经济损失	中毒和窒息；灼烫

（续）

序号	场所/位置	风险源	风险描述示意（仅供参考）	可能造成的后果	风险类型
57	工业管道	氧气等助燃气体管道	氧气管道在出现跑、冒、滴、漏等现象时，氧气浓度很高，与周围管道可燃气体混合，遇到明火可能造成火灾、爆炸事故。 氧气管道内气体压力差大，气体流速过快，遇有静电或金属残渣可能发生燃烧爆炸。 氧气管道使用前未进行脱脂、吹扫，部件粘有油脂，可能发生火灾	人员伤亡；经济损失；环境影响	火灾；其他爆炸
58	工业管道	高温介质管道	管道占压、外力破坏、超压、腐蚀、制造缺陷等，造成高温介质泄漏，可能烫伤人员	人员伤亡；经济损失	灼烫
59	工业管道	可燃性粉尘气力输送管道	气力输送系统内部长期存在高浓度粉尘云，遇静电、电火花等引燃源，可能发生粉尘爆炸事故	人员伤亡；经济损失；环境影响	其他爆炸
60	除尘系统	除尘系统	收集可燃性粉尘的除尘系统未采取预防粉尘爆炸措施，可能发生粉尘爆炸事故	人员伤亡；经济损失；环境影响	其他爆炸
61	雷电防护系统	防雷设施	防雷设施缺失或失效等，雷电所产生的火花引燃易燃物质，发生火灾甚至爆炸事故	人员伤亡；经济损失；环境影响	火灾；其他爆炸
62	雷电防护系统	防雷设施	接闪器、引下线、接地体等选用材料不当或未与墙和基础保持一定距离，导致触电事故	人员伤亡；经济损失；环境影响	触电
63	气体汇流排	易燃助燃气体汇流排间	易燃助燃气体泄漏，遇到静电火花、电气火花、明火等，可能引发火灾爆炸	人员伤亡；经济损失；环境影响	火灾；其他爆炸
64	二氧化硫等有毒有害气体危险区域	二氧化硫等有毒有害气体危险区域	进入危险区域未佩戴个人防护用具，可能导致中毒	人员伤亡；经济损失	中毒和窒息

（续）

序号	场所/位置	风险源	风险描述示意（仅供参考）	可能造成的后果	风险类型
65	污水处理场所	污水处理装置	污水处理装置安全防护不够，安全警示标志缺失等，人员有可能坠落，发生淹溺事故	人员伤亡；经济损失；环境影响	淹溺
66			进入污水处理装置等有限空间未执行“先通风、后检测、再作业”规定，可能导致人员中毒和窒息事故。 污水处理过程使用的危险化学品泄漏或人员不慎接触，可能造成中毒或灼烫事故	人员伤亡；经济损失	中毒和窒息；灼烫
67			污水处理场所可能存在可燃气体，遇火源导致爆炸事故	人员伤亡；经济损失；环境影响	其他爆炸
68	压缩空气站	空气储罐	空气储罐、压缩机缺陷，安全阀、压力表失效等，可能导致超压爆炸事故	人员伤亡；经济损失；环境影响	容器爆炸
69		压缩空气站电气设备	线路绝缘损坏、短路，漏电保护装置缺失或失效等，可能导致触电事故	人员伤亡；经济损失	触电
70		空压机	空压机转动部位防护罩缺失或失效，可能导致机械伤害事故	人员伤亡；经济损失	机械伤害
71	燃气使用场所	燃气控制室	调压器阀口关闭不严、附属安全装置失效、切断阀失效等造成调压器进出口管道、阀门等发生泄漏，遇到静电火花、电气火花、明火等，可能引发火灾、爆炸	人员伤亡；经济损失；环境影响	火灾；其他爆炸
72		燃气管网	燃气管道阴极保护失效，防腐层破损，管道被腐蚀穿孔等，导致燃气泄漏，遇到静电火花、电气火花、明火等，可能引发火灾、爆炸	人员伤亡；经济损失；环境影响	火灾；其他爆炸

（续）

序号	场所/位置	风险源	风险描述示意（仅供参考）	可能造成的后果	风险类型
73	充电区域	电动车辆	厂内电动车辆充电产生高温，可能引燃周边可燃物，导致火灾事故。 充电过程中释放的氢气遇火源可能导致火灾、爆炸事故	人员伤亡；经济损失；环境影响	火灾；其他爆炸；触电
74	食堂	食堂电器设备	电源控制开关受烟尘、潮湿等因素影响，控制失效而带电；电源线被浸泡、高温腐蚀等而漏电，可能导致人员触电	人员伤亡；经济损失	触电
75	食堂	食堂燃气设备	使用燃气发生泄漏，遇火源可能导致火灾、爆炸事故	人员伤亡；经济损失；环境影响	火灾；其他爆炸
76	食堂	炊事设备	绞肉机、压面机等加料处防护设施缺失或失效，可能绞入人手、衣服等造成机械伤害事故	经济损失；人员伤亡	机械伤害
77	食堂	地沟	地沟疏堵时未落实“先通风、后检测、再作业”规定，可能导致中毒和窒息事故	经济损失；人员伤亡	中毒和窒息
78	食堂	烟道	烟道未定期清理，烟道内积聚大量油污，易发生火灾事故	经济损失；人员伤亡	火灾
79	员工宿舍	员工宿舍	使用电炉等大功率电器设备、吸烟等，可能引发火灾事故	人员伤亡；经济损失；环境影响	火灾

（续）

序号	场所/位置	风险源	风险描述示意（仅供参考）	可能造成的后果	风险类型
危险作业					
80	炉类、电镀（氧化）槽、酸碱槽、油槽、电泳槽、浸漆槽，储料仓、贮罐、油罐、液氨罐；塔（釜）、锅炉、压力容器、管道、烟道、地下室、地下仓库、喷漆室、探伤室、铸造坑、除尘器室，各类井、池、沟、坑及地窖等有限空间部位	有限空间	进入有限空间未执行“先通风、后检测、再作业”规定，可能导致中毒和窒息事故	人员伤亡；经济损失	中毒和窒息
81			粉尘积聚，遇静电火花、电气火花、明火等引燃源，可能发生粉尘爆炸事故	人员伤亡；经济损失；环境影响	其他爆炸
82			作业场地狭小、作业人员精力不集中、防护措施不当或夜间照明不足时，可能会发生物体打击以及碰、挤、擦、刮等其他伤害	人员伤亡；经济损失	物体打击；其他伤害
83			有限空间作业部位存在可燃物、易燃易爆危险化学品等，遇火源可能导致火灾、爆炸事故	人员伤亡；经济损失；环境影响	火灾；其他爆炸
84			进入高温有限空间作业，可能导致高温灼伤事故	人员伤亡；经济损失	灼烫
85	临时用电作业部位	临时用电作业	临时用电线路及设备带电部位裸露，可能导致触电事故	人员伤亡	触电
86			临时用电线路产生的火花引燃周边的可燃物，导致火灾、爆炸事故	人员伤亡；经济损失；环境影响	火灾；其他爆炸
87	高处作业部位（梯子、扶手、平台等处）	高处作业	钢直梯、钢斜梯、钢平台、便携式金属梯等结构不合理，性能不符合规定要求；临时拆除栏杆后防护措施缺失；脚手架存在缺陷；高处作业未佩戴安全带、安全帽等，可能导致高处坠落事故	人员伤亡；经济损失	高处坠落

（续）

序号	场所/位置	风险源	风险描述示意（仅供参考）	可能造成的后果	风险类型
88	高处作业部位（梯子、扶手、平台等处）	高处作业	高处作业时，使用的工具、零件等物品发生坠落，可能导致物体打击事故	人员伤亡；经济损失	物体打击
89			高处作业时，使用的脚手架、跳板存在缺陷，可能导致坍塌事故	人员伤亡；经济损失	坍塌
90	检维修作业部位	检维修作业	在炉子、管道、贮气罐、除尘器、料仓等设备内部或管道进行检维修时，未落实检维修作业方案、违章作业等，可能引发火灾、粉尘爆炸、中毒和窒息等事故	人员伤亡；经济损失；环境影响	火灾；其他爆炸；中毒和窒息
91			检维修过程未落实检维修作业方案，停机未执行操作牌、停电牌制度等，可能导致触电、机械伤害事故	人员伤亡；经济损失	触电；机械伤害
92			检维修设备运动部件安全防护装置缺失或失效；检修结束未按程序进行试车，安全装置未及时恢复；检维修单位及人员无特种设备相应许可或超许可范围作业等，可能导致机械伤害事故	人员伤亡；经济损失	机械伤害
93	动火作业部位	动火作业	厂区动火作业部位、附近区域存在可燃物、易燃易爆危险化学品，粉尘积聚等，遇火源可能发生危险化学品火灾和爆炸事故、粉尘爆炸事故	人员伤亡；经济损失；环境影响	火灾；其他爆炸
94	动土等各类施工作业部位	动土、施工作业	动土作业导致周边设施内易燃易爆物质泄漏，遇火源可能导致火灾、爆炸事故。 动土作业导致周边设施内有毒物质泄漏，可能导致中毒事故	人员伤亡；经济损失；环境影响	火灾；其他爆炸；中毒和窒息
95			动土作业时，发生支撑不牢靠，或地下和地面水渗入作业区，可能导致作业区坍塌事故	人员伤亡；经济损失	坍塌

（续）

序号	场所/位置	风险源	风险描述示意（仅供参考）	可能造成的后果	风险类型
96	动土等各类施工作业部位	动土、施工作业	动土作业现场高差大于2米时，人员可能坠入坑内，导致高处坠落事故	人员伤亡；经济损失	高处坠落
97			动土作业伤及地下电缆，可能导致触电事故	人员伤亡；经济损失	触电
98	盲板抽堵作业部位	盲板抽堵作业	盲板抽堵作业部位易燃易爆物质发生泄漏，遇火源可能导致火灾、爆炸事故	人员伤亡；经济损失；环境影响	火灾；其他爆炸
99			盲板抽堵作业部位有毒有害物质泄漏，可能导致中毒和窒息事故	人员伤亡；经济损失；环境影响	中毒和窒息
100			盲板抽堵作业部位高温介质发生泄漏，可能导致灼烫事故	人员伤亡；经济损失	灼烫
金属切削					
101	车床、钻床、铣床、插床、磨床、锯床	车床、钻床、铣床、插床、磨床、锯床	防护罩、安全网等安全防护设施松动，可能导致在机床运转过程中防护罩、安全网脱落，造成人员被卷入机器，引起机械伤害，或者异物落入传动部位后飞溅伤人，引起物体打击	人员伤亡；经济损失	机械伤害；物体打击
102			工件与车刀、钻头、插刀、砂轮及锯条等高速旋转部件固定不牢，导致车床在运行过程中，工件和高速旋转部件飞出伤人。 切削长轴类工件未使用中心架，导致工件弯曲变形伤人	人员伤亡；经济损失	物体打击
103			操作车床时，戴手套，首饰或者头发未盘入安全帽中，可能导致手、头发等被卷入车床，造成机械伤害	人员伤亡；经济损失	机械伤害
104			粉尘积聚，遇静电火花、电气火花、明火等，可能引发粉尘爆炸	人员伤亡；经济损失；环境影响	其他爆炸

（续）

序号	场所/位置	风险源	风险描述示意（仅供参考）	可能造成的后果	风险类型
105	电火花加工机床	电火花加工机床	贮丝筒的防护装置失效，可能造成操作人员的手被卷入机床中，造成机械伤害。 电极夹持装置失效，可能导致电极坠落或在高速旋转时被抛出，造成机械伤害	人员伤亡；经济损失	机械伤害
106			防护罩、安全网等安全防护设施松动，可能导致在机床运转过程中防护罩、安全网脱落，造成人员被卷入机器，引起机械伤害，或者异物落入传动部位后飞溅伤人，引起物体打击	人员伤亡；经济损失	物体打击；机械伤害
107			电火花成型机的防火装置失效，产生的电火花可能引燃器械，导致火灾、爆炸事故	人员伤亡；经济损失；环境影响	火灾；其他爆炸
108	激光加工机床	激光加工机床	安全防护罩破损，激光可能射向操作人员，导致人员伤亡	人员伤亡；经济损失	其他伤害
109			在切割塑料工件时，会产生氢化物、苯系物等有毒有害气体，可能会导致中毒和窒息事故	人员伤亡；经济损失	中毒和窒息
110			切割燃点较低的工件时，高温可能会引燃工件，造成火灾、爆炸事故	人员伤亡；经济损失；环境影响	火灾；其他爆炸
111	压力机	压力机	压头变形、疲劳或者有损伤，在压力机工作时，可能导致压头碎裂，碎片飞出伤人。 工件未放置在油缸中心位置，导致在压力机工作过程中，工件受力不均匀而飞出伤人。 液压管或接头破损，导致压力机在工作过程中汇总管线断裂甩出伤人	人员伤亡；经济损失	物体打击

（续）

序号	场所/位置	风险源	风险描述示意（仅供参考）	可能造成的后果	风险类型
112	压力机	压力机	模具强度不够，在长年高压过程中断裂或破坏；模具材料及其热处理没有达到适当的要求，硬度太高容易引起模具脆裂；冲压模具的紧固件（如螺钉、螺母、弹簧、柱销、垫圈等）质量不佳，压力机长期工作使得紧固件松动等，均可能引起机械伤害事故	人员伤亡；经济损失	机械伤害
113	加工中心	加工中心	固定工件时未对正、卡紧、垫牢；加工细长工件时未设置合适支架或转速过高、进刀量过大等，可能导致机械伤害事故	人员伤亡；经济损失	机械伤害
114	数控机床	数控机床	程序错误、操作不当等可能导致撞刀、撞机床、东西飞出伤人等事故	人员伤亡；经济损失	机械伤害；物体打击
			铸造工艺		
115	炉类（熔炼炉）	熔炼炉	原料、辅料水分进入高温熔体，可能导致火灾、爆炸事故。 炉内形成喷发性泡沫渣，若附近有人，可能发生灼烫事故；泡沫渣与可燃物体接触，可能发生火灾事故；泡沫渣遇水可能发生爆炸事故	人员伤亡；经济损失；环境影响	灼烫；火灾；其他爆炸
116			耐火砖蚀损或掉落，高温熔体泄漏，可能导致灼烫事故。 水冷件漏水等导致水分进入炉体，水分遇高温熔体可能引发灼烫或火灾事故	人员伤亡；经济损失	灼烫；火灾
117			喷枪运行系统，氧气、油、工艺空气管路，阀门失控，造成二氧化硫烟气泄漏，可能导致中毒和窒息事故	人员伤亡；经济损失	中毒和窒息

（续）

序号	场所/位置	风险源	风险描述示意（仅供参考）	可能造成的后果	风险类型
118	炉类（熔炼炉）	电弧炉	二次装料时，在装料前未把炉门槛垫高、垫牢，导致钢水跑出，造成灼烫事故	人员伤亡；经济损失	灼烫
119			加矿石或吹氧氧化时，过猛过急，导致大沸腾跑钢伤人	人员伤亡；经济损失	灼烫
120			在装炉料过程中，将易爆物、密封容器及水、雪块或带水的炉料装人，可能造成爆炸，迸溅的金属溶液可能导致灼烫或火灾	人员伤亡；经济损失；环境影响	灼烫；火灾；其他爆炸
121	造型机	造型机	机器的压砂板和工作台、起模臂等是运动部件，若操作人员进入运动区域，可能造成机械伤害事故	人员伤亡；经济损失	机械伤害
122			在压砂板未摆入时即开启压实阀，会造成压砂板碎裂迸溅，造成物体打击事故	人员伤亡；经济损失	物体打击
123			冷却水管漏水、液压管漏油，水、油接触高温溶液而引发爆炸。 管路密封性不好导致漏油、漏气等，接近热源可能发生火灾事故	人员伤亡；经济损失；环境影响	火灾；其他爆炸
124	压铸机	压铸机	模具分型面外站人，飞料可能导致物体打击事故	人员伤亡；经济损失	物体打击
125			机铰内有异物，在设备运转过程中，异物可能飞出伤人	人员伤亡；经济损失	物体打击
126			吊装模具时，吊车正下方有人，模具可能脱落，导致起重伤害事故	人员伤亡；经济损失	起重伤害
127	混砂机	混砂机	设备在运转时，用手扒料或清理辗轮，伸手到辗盘内添加各种物料，可能会导致手被卷人设备，造成机械伤害事故	人员伤亡；经济损失	机械伤害
128			在混砂机挂板碰到其底板和筒壁情况下开机，可能会导致挂板被甩出，造成物体打击事故	人员伤亡；经济损失	物体打击

（续）

序号	场所/位置	风险源	风险描述示意（仅供参考）	可能造成的后果	风险类型
129	落砂机`	落砂机	在有人站在振动平台的情况下启动机器，可能导致人员摔倒，造成机械伤害事故	人员伤亡；经济损失	机械伤害
130			压缩空气管路接头不牢，在设备运转过程中可能脱落，导致管线甩出伤人	人员伤亡；经济损失	物体打击
131	抛丸机	抛丸机	抛丸机传动部位较多，在运转过程中，人员误入危险区域，可能会被卷入设备，造成机械伤害事故	人员伤亡；经济损失	机械伤害
132			粉尘积聚，遇静电火花、电气火花、明火等，可能引发粉尘爆炸	人员伤亡；经济损失；环境影响	其他爆炸
133			零部件松动，在运转过程中，松动的零部件可能会脱落甩出，造成物体打击事故	人员伤亡；经济损失	物体打击
134			斗式提升机的皮带过紧，可能导致皮带起火，造成火灾事故	人员伤亡；经济损失；环境影响	火灾
135			抛丸机本体及检修通道和抛丸机周围的各通道上的丸料未及时清理，可能会造成人员滑倒	人员伤亡；经济损失	其他伤害
136	浇包	浇包	包内的水分未烘干，水分遇到金属熔液，可能导致爆炸事故	人员伤亡；经济损失；环境影响	其他爆炸
137			金属结构件松动，在调运过程中可能导致浇包从行车脱落，金属溶液迸溅，造成灼烫事故，甚至造成火灾和爆炸事故	人员伤亡；经济损失；环境影响	灼烫；火灾；其他爆炸
138			浇包破损导致高温溶液泄漏，造成灼烫事故 浇包未烘干，水分与高温溶液接触，导致爆炸事故	人员伤亡；经济损失；环境影响	灼烫；其他爆炸

（续）

序号	场所/位置	风险源	风险描述示意（仅供参考）	可能造成的后果	风险类型
			锻造工艺		
139	轧机	轧机	在机器运转过程中，戴手套进行擦拭铜杆作业，或者在校直装置及头道轧辊前 1 m 以内擦拭铜杆，或者擦拭机器转动部位等，均可能导致手被卷入机器，造成机械伤害事故	人员伤亡；经济损失	机械伤害
140			防护罩、安全网等安全防护设施松动或脱落，可能导致人员被卷入造成机械伤害事故，也可能导致异物进入传动部位被甩出造成物体打击事故	人员伤亡；经济损失	机械伤害；物体打击
141			将弯曲胚料用吊车喂入轧机，可能导致胚料在机器内反弹，造成物体打击事故	人员伤亡；经济损失	物体打击
142			油箱或者连接管道破损造成油料泄漏，遇火源可能发生火灾，甚至爆炸	人员伤亡；经济损失；环境影响	火灾；其他爆炸
143	锻造机	锻造机	使用脚踏开关操作的锻锤，在向跕上安放工具、模具或测量锻件尺寸时，脚未离开脚踏开关，可能导致锻锤下落，造成机械伤害事故	人员伤亡；经济损失	机械伤害
144			锻件未放置在砧座中心、未放置稳定、未加持牢靠就落锤锤击，可能导致锻件崩飞伤人，造成物体打击事故	人员伤亡；经济损失	物体打击
145			使用火钩、火钳、撬棍等工具时，身后有人，可能导致工具伤人，造成物体打击事故	人员伤亡；经济损失	物体打击
146			锤头松动、不牢固，或有裂纹、有破损，可能导致在运行过程中锤头碎裂，碎片飞溅伤人，造成物体打击事故	人员伤亡；经济损失	物体打击

（续）

序号	场所/位置	风险源	风险描述示意（仅供参考）	可能造成的后果	风险类型
147	联合冲剪机	联合冲剪机	同时剪切两种及以上钢材，可能导致板料飞出伤人。 板料固定不牢，导致冲剪机在运行过程中板料飞出伤人。 剪切叠合板料，剪切毛边板料的边缘，剪切压不紧的狭窄板料和短料，可能造成板料飞出伤人	人员伤亡；经济损失	物体打击
148	卷板机	卷板机	板料未放置平稳即开始作业，可能导致板料飞出伤人	人员伤亡；经济损失	物体打击
149			工件进入轧辊后，可能手及衣服被卷入轧辊内，造成机械伤害事故	人员伤亡；经济损失	机械伤害
150	剪板机	剪板机	同时剪切两种及以上钢材，可能导致板料飞出伤人。 板料固定不牢，导致剪板机在运行过程中，板料飞出伤人。 剪切叠合板料，剪切毛边板料的边缘，剪切压不紧的狭窄板料和短料，可能造成板料飞出伤人	人员伤亡；经济损失	物体打击
151	弯管机	弯管机	管子弯度行程范围附近有人，可能造成变弯的管子伤人	人员伤亡；经济损失	机械伤害
152			液压管或接头线破损，导致弯管机在工作过程汇总管线断裂甩出伤人。 工件固定不牢，导致弯管机在运行过程中工件飞出伤人	人员伤亡；经济损失	物体打击
焊接工艺					
153	氧－可燃气体焊接与切割	气体焊接与切割	气瓶受热可能导致瓶体爆炸	人员伤亡；经济损失；环境影响	容器爆炸
154			可燃气体泄漏遇到静电火花、电气火花、明火等,可能引发火灾事故。 未设置防护屏板，飞溅火花等可能引燃附近可燃物质，导致火灾事故	人员伤亡；经济损失；环境影响	火灾

（续）

序号	场所/位置	风险源	风险描述示意（仅供参考）	可能造成的后果	风险类型
155	电焊机	电焊机	未设置安全防护罩或防护板进行隔离；漏电保护装置缺失或失效；绝缘性能不合格；线路老化、裸露等，均可能导致触电事故	人员伤亡；经济损失	触电
156			飞散的火花、熔融金属和熔渣颗粒，可能引燃附近可燃物质，引发火灾事故。 电焊机本身或电源线绝缘损坏短路发热等，可能引发火灾事故。 电焊机工作时，二次电源线借助金属结构作回路，双线不到位，易发生线路接触不良，导致过热，引发电气火灾事故	人员伤亡；经济损失；环境影响	火灾
157	粉尘爆炸危险区域焊接作业	在粉尘爆炸危险区域进行焊接作业	在粉尘爆炸危险区域进行焊接作业，遇焊接火花，可能引发粉尘爆炸	人员伤亡；经济损失；环境影响	其他爆炸
			木制品加工		
158	木工车间	木工车间	加工产生的木粉，没有得到及时清理，在空气中达到一定浓度时，遇到静电火花或者外来引燃源，可能造成粉尘爆炸	人员伤亡；经济损失；环境影响	其他爆炸
159			加工产生的木屑没有及时清理，遇到外来火种，可能被引燃，造成火灾事故	人员伤亡；经济损失；环境影响	火灾
160	镂铣机	镂铣机	镂铣机急停控制装置缺失或失效，镂铣机刀具和机械进给传动机构设置的固定式防护装置缺失或失效，镂铣机工作台工件安全进给导向板缺失或失效等，均可能导致机械伤害事故	人员伤亡；经济损失	机械伤害

（续）

序号	场所/位置	风险源	风险描述示意（仅供参考）	可能造成的后果	风险类型
161	铣床	铣床	铣床传动装置固定式防护装置缺失或失效，工件安全进给导向板缺失或失效，固定主轴的止动装置缺失或失效，止动装置未与主轴启动操纵联锁等，均可能导致机械伤害事故	人员伤亡；经济损失	机械伤害
162	单轴铣床	单轴铣床	单轴铣床对刀具的防护装置缺失或失效，装有两个以上（含两个）机床执行机构的单轴铣床未装设急停操纵器或急停操纵器失效等，均可能导致机械伤害事故	人员伤亡；经济损失	机械伤害
163	圆锯机	圆锯机	圆锯机上的旋转圆锯片未设置防护罩或防护罩失效，未设置分料刀和止逆器，急停操纵装置缺失或失效等，均可能导致机械伤害事故	人员伤亡；经济损失	机械伤害
164	带锯机	带锯机	带锯机上料位置、下料位置、控制台等处未安装急停操纵器或急停操纵器失效，带锯机的锯轮和锯条未设置防护罩或防护罩失效，带锯机上锯轮机动升降操纵机构未与锯机起动操纵机构联锁，下锯轮上未设置制动装置或制动装置失效等，均可能导致机械伤害事故	人员伤亡；经济损失	机械伤害
165	平刨床	平刨床	平刨床未设置工作台和导向板，刀具传动机构的固定式防护罩缺失或失效，手持式推块缺失等，均可能导致机械伤害事故	人员伤亡；经济损失	机械伤害
166	开榫机	开榫机	开榫机上料位置急停操纵器缺失或失效，开榫机传动装置防护装置缺失或失效，手动进料开榫机未在定位夹具上装有紧固或压紧装置，工件夹紧机构的螺钉头外露等，均可能导致机械伤害事故	人员伤亡；经济损失	机械伤害

（续）

序号	场所/位置	风险源	风险描述示意（仅供参考）	可能造成的后果	风险类型
167	磨锯机	磨锯机	用力不当或者操作方法不对，可能导致砂轮碎裂，碎裂的砂轮碎片甩出伤人，导致机械伤害事故	人员伤亡；经济损失	机械伤害
168	刀具	刀具	手推压木料送进时，如果木料有结疤、弯曲或其他缺陷，可能造成手与刀具的刃口接触，导致手指被切断	人员伤亡；经济损失	机械伤害
169	棒料	棒料	在操作机床过程中，高速旋转的棒料可能缠住衣物，对人体造成机械伤害	人员伤亡；经济损失	机械伤害
170	进给辊	进给辊	在用手通过进给辊进给工件时，由于操作失误，可能导致人手被工件牵连，被卷入进给辊与工件之间的接口，发生机械伤害事故	人员伤亡；经济损失	机械伤害
热处理和电镀					
171	热处理	液氨储存	液氨泄漏引起中毒和窒息、火灾或其他爆炸	人员伤亡；经济损失；环境影响	中毒和窒息；火灾；其他爆炸
172	热处理	加热炉	加热炉区域通风不良导致中毒和窒息；电气部分无屏护或接地不良导致触电；可燃气体泄漏导致爆炸	人员伤亡；经济损失；环境影响	中毒和窒息；火灾；其他爆炸
173	热处理	淬火油槽	槽液渗漏、温度过高可能引起淬火油着火，引发火灾	人员伤亡；经济损失；环境影响	火灾
174	热处理	整体热处理（或气体加热炉）操作	可燃气体未吹扫或置换不充分，可能引起中毒和窒息、爆炸	人员伤亡；经济损失；环境影响	中毒和窒息；其他爆炸

（续）

序号	场所/位置	风险源	风险描述示意（仅供参考）	可能造成的后果	风险类型
175	电镀	自动电镀线、电镀槽体	氢气聚集可能发生爆炸，通风不良可能导致中毒和窒息	人员伤亡；经济损失；环境影响	其他爆炸；中毒和窒息
176		槽液配置	槽液配置方法不当等，可能引起液体飞溅和爆炸	人员伤亡；经济损失；环境影响	灼烫；其他爆炸
涂装工艺					
177	涂漆作业区域（含临时作业场所）	涂漆作业	电气设备不符合防爆要求，遇火花等点火源可能引燃易爆气体，发生爆炸	人员伤亡；经济损失；环境影响	其他爆炸
178			风量不足易导致易燃物品积聚，遇到火花、外来火源可能引起火灾和爆炸。 通风不良可能导致中毒和窒息	人员伤亡；经济损失；环境影响	火灾；其他爆炸；中毒和窒息
179	化学前处理	化学前处理	使用有毒或低闪点物品清除旧漆，遇高温物体或火花可能导致火灾、爆炸事故	人员伤亡；经济损失；环境影响	火灾；其他爆炸
180	涂料储存	涂料储存	涂装车间现场涂料存放过多，超量存放，遇火源可能导致涂料着火，引起火灾或爆炸	人员伤亡；经济损失；环境影响	火灾；其他爆炸
181	涂料调配	涂料调配	通风不良可能导致中毒和窒息；电气防爆存在缺陷产生的电火花可能导致可燃气体爆炸	人员伤亡；经济损失；环境影响	中毒和窒息；其他爆炸
182	喷涂作业区域	喷涂作业	静电产生的火花引燃可燃气体，可能导致火灾、爆炸事故	人员伤亡；经济损失；环境影响	火灾；其他爆炸
183	喷烘两用喷漆室	喷烘两用喷漆室	可燃沉积物受高温物体或火花影响而导致火灾、爆炸事故	人员伤亡；经济损失；环境影响	火灾；其他爆炸

（续）

序号	场所/位置	风险源	风险描述示意（仅供参考）	可能造成的后果	风险类型
184	浸涂槽	浸涂槽	槽体周边可燃气体聚集，遇高温物体或火花而引起火灾和爆炸	人员伤亡；经济损失；环境影响	火灾；其他爆炸
185	粉末静电喷涂	供粉装置	供粉、筛粉装置未采用不外逸粉末、不易积聚粉末而易清理的结构形式，可能导致粉尘积聚，筒仓（容器）材料未有效接地；未设置防止燃烧或爆炸传递的装置等，遇撞击摩擦火花、静电火花、电气火花等引燃源，可能引发粉尘爆炸	人员伤亡；经济损失；环境影响	其他爆炸
186		喷粉室	喷粉室室体及通风管道内壁存在凹凸缘，可能导致喷粉室及其系统内粉末积聚，自动化生产的流水作业在喷粉室与回收装置之间联锁控制装置缺失或失效；自动喷粉室内火灾报警装置缺失或失效；自动喷涂的回收风机与喷枪未采用电器联锁保护等，遇撞击摩擦火花、静电火花、电气火花等引燃源，可能引发粉尘爆炸	人员伤亡；经济损失；环境影响	其他爆炸
187		烘干（固化）室	烘箱、烘房及烘道的结构不便于清理积粉，烘干室内工件送风量不足，进入烘干室的工件出现撞击、振动、强气流冲刷等，可能引发粉尘爆炸	人员伤亡；经济损失；环境影响	其他爆炸
188		回收系统	回收装置未选用导电材料制作，袋滤器未选择防静电滤料，过滤式回收装置未采用有效的清粉装置，粉末回收装置及高效过滤器的泄压装置失效等，粉尘积聚，可能引发粉尘爆炸	人员伤亡；经济损失；环境影响	其他爆炸
189	烘干室	烘干室	电气火花引燃可燃气体，可能导致火灾、爆炸事故	人员伤亡；经济损失；环境影响	火灾；其他爆炸

（续）

序号	场所/位置	风险源	风险描述示意（仅供参考）	可能造成的后果	风险类型
其他类机械设备					
190	注塑机（含塑料压延机）	注塑机	注塑机合模时可能会造成人员被夹伤	人员伤亡；经济损失	机械伤害
191			模具安装、搬运过程可能会发生物体打击，造成人身伤害	人员伤亡；经济损失	物体打击
192			操作人员接触高温部位，可能引发灼烫事故	人员伤亡；经济损失	灼烫
193	工业机器人（含机械手）	工业机器人	液压管路或气压管路老化或泄漏，造成人员伤亡	人员伤亡；经济损失	其他伤害
194			模具强度不够，长年高压过程中断裂或破坏；模具材料及其热处理没有达到适当的要求，硬度太高容易引起模具脆裂；冲压模具的紧固件（如螺钉、螺母、弹簧、柱销、垫圈等）质量不佳，压力机长期工作使得紧固件松动等，均可能造成机械伤害事故。 压力机冲压后在清理料头、料尾过程中可能会对作业人员造成伤害	人员伤亡；经济损失	机械伤害
195			工件未放置在油缸中心位置，导致在压力机工作过程中，工件受力不均匀而飞出伤人。 松动的零部件在运行过程中飞出伤人。 液压管或接头破损，导致压力机在工作过程汇总管线断裂甩出伤人。 压头变形、疲劳或者有损伤，在压力机工作时，可能导致压头碎裂，碎片飞出伤人	人员伤亡；经济损失	物体打击

（续）

序号	场所/位置	风险源	风险描述示意（仅供参考）	可能造成的后果	风险类型
196	输送机械	板式输送机	未加封闭装置，链条断裂或输送机倒转等，可能导致伤人	人员伤亡；经济损失	机械伤害；物体打击
197		悬挂链式输送机	输送带跑偏，物料从高处坠落，可能砸伤底部工作人员	人员伤亡；经济损失	物体打击
198		带式输送机	带式输送机头部与尾部的防护罩、隔离栏、安全联锁装置等缺失或失效，人员经常通过的部位未设置跨越通道等，可能导致机械伤害事故	人员伤亡；经济损失	机械伤害
199		提升机	物料超负荷导致物料高处坠落，可能砸伤下部工作人员	人员伤亡；经济损失	物体打击
200	射线探伤设备	射线探伤设备	照射室照射状态指示装置未与射线探伤装置联锁，导致探伤设备工作状态人员未加防护即进入工作区域，造成人员伤亡	人员伤亡；经济损失	其他伤害
铝镁制品机械加工					
201	铝镁制品机械加工	铝镁制品机械加工设备	未采用不产生连续火花及明火的加工工艺及设备，或未采用阻隔火花进入除尘系统的措施；机械设备加工危险区未设置防护装置阻隔粉尘飘散；电气线路和电气装置防爆等级不符合要求；未采取防静电措施或防静电措施失效等，均可能导致粉尘爆炸	人员伤亡；经济损失；环境影响	其他爆炸
202		铝镁粉尘除尘系统	铝镁粉尘与铁质粉尘，以及其他种类的可燃性粉尘合用同一除尘系统；除尘系统与带有可燃气体、烟尘、高温气体等工业气体的风管及设备连通；除尘系统未设置保护联锁装置等，均可能导致粉尘爆炸	人员伤亡；经济损失；环境影响	其他爆炸

参 考 文 献

[1] 国家统计局. 2020中国统计年鉴 [M]. 北京：中国统计出版社，2020.

[2] 严复海，党星，颜文虎. 风险管理发展历程和趋势综述 [J]. 管理现代化，2007，(2)：30－33.

[3] 何春艳，刘伟. 风险管理研究综述 [J]. 经济师，2012，(3)：17－19.

[4] 张维功，何建敏，丁德臣. 企业全面风险管理研究综述 [J]. 软科学，2008，22 (12)：40－43.

[5] 栗文明，孙艳辉，宋和军. NOSA综合五星管理系统的应用现状 [J]. 安全与环境工程，2007 (4)：89－92.

[6] 蒋涛，李文波. 南非NOSA安全五星综合管理系统调研 [J]. 安全、健康和环境，2005 (10)：1－2.

[7] 潘成林，杨振宏，何小访. 基于杜邦STOP系统及行为安全理论的非煤矿山不安全行为研究 [J]. 中国安全生产科学技术，2014，10 (5)：174－179.

[8] 乐增，江楠. 基于杜邦STOP系统的安全员安全管理模式探讨 [J]. 安全与环境工程，2013，20 (4)：127－130.

[9] 罗云. 企业安全风险精准管控 [M]. 北京：应急管理出版社，2020.

[10] 闫存岩，韩旭军，王大军. 风险管理基础知识 [M]. 北京：经济管理出版社，2018.

[11] Clifton A Evicson Ⅱ. Hazard analysis techniques for system safety (second Edition) [M]. Virginia：Wiley，2015：35－40.

[12] RENN Ortiwin. Risk governance：Towards an integrative approach [R]. Geneva：International Risk Governance Council (IRGC)，2005.

[13] 罗云. 特种设备风险管理：RBS的理论、方法与应用 [M]. 北京：中国质检出版社、中国标准出版社，2013.

[14] 代宝乾. 城市安全风险评估关键问题认识与辨析 [J]. 安全，2021，42 (5)：1－6.

[15] 罗云，裴晶晶，许铭. 安全风险管控：宏观安全风险预控与治理 [M]. 北

京：科学出版社，2020.

［16］范道津，陈伟珂．风险管理理论与工具［M］．天津：天津大学出版社，2009.

［17］李存建．风险评估：理论与实践［M］．北京：中国商务出版社，2012.

［18］张曾莲．风险评估方法［M］．北京：机械工业出版社，2017.